Die Krankheiten
des Blei-Akkumulators,

ihre Entstehung, Feststellung,
Beseitigung, Verhütung.

Für die Praxis.

Von

F. E. Kretzschmar.

Ingenieur und Oberlehrer an der Elektrotechnischen Abteilung
der Höheren Städtischen Maschinenbauschule
zu Leipzig.

Mit 98 in den Text gedruckten Figuren.

Dritte verbesserte Auflage.

Verlag von R. Oldenbourg.
München und Berlin 1928.

Druck von Oscar Brandstetter in Leipzig.

Aus dem Vorwort zur 1. u. 2. Auflage.

In allen industriellen Anlagen werden vorzugsweise die Antriebsmotoren von seiten der Betriebsleiter, Maschinenmeister usw. ständig aufs sorgfältigste beobachtet, so daß Unregelmäßigkeiten meist bereits im Entstehen entdeckt werden. Unaufmerksame Wartung, falsche Behandlung und Beanspruchung würden auch unfehlbar in allerkürzester Zeit Maschinendefekte hervorrufen, die unter Umständen den ganzen Betrieb in Frage stellen und einen nicht wieder gut zu machenden Schaden verursachen könnten.

Der Akkumulator dagegen wird in der Regel als etwas Nebensächliches behandelt, da einerseits er auch bei ganz falscher Behandlung und nachlässiger Wartung noch sehr lange Zeit, wenn auch vielfach mit stark verminderter Kapazität, zur Energielieferung herangezogen werden kann, also ganz unempfindlich zu sein scheint, — und anderseits Betriebsleiter und Maschinenmeister sich über die Folgen falscher Betriebsführung nicht klar sind. Es fehlt ihnen eben eine zweckmäßige akkumulatoren-technische Ausbildung, da sowohl an technischen Hoch- und Mittelschulen als auch in einschlägigen Lehrbüchern vielfach gerade das, was für den Betrieb von Sammlern elektrischer Energie wichtig ist, entweder überhaupt nicht oder doch nur in unzureichendem Maße geboten wird.

Zwar sind in technischen Zeitschriften Aufsätze über den Akkumulator verstreut, die für den Praktiker von hohem Werte sind. Sie können jedoch nur entweder mit bedeutendem Aufwand an Zeit und Mühe in großen Bibliotheken aufgesucht oder mit beträchtlichen Geldopfern durch den Buchhandel bezogen werden.

Verf. hat deshalb den Versuch unternommen, ein Buch zu schaffen, das in umfassender Weise den Bedürfnissen der

Praxis Rechnung trägt. Er will durch dasselbe das Verständnis für die Vorgänge im Akkumulator fördern, hierdurch das Interesse an ihm steigern und das Verantwortlichkeitsgefühl der mit seiner Pflege betrauten Personen schärfen.

* * *

Der Titel der 1. Auflage lautete: „Die Krankheiten des stationären elektrischen Blei-Akkumulators". In der 2. Auflage wurde der Titel verallgemeinert, weil transportable Akkumulatoren im wesentlichen dieselben Krankheiten aufweisen wie stationäre.

Die Auflage enthält drei vollständig neue Abschnitte, betitelt: „Zweck des Akkumulators", „Einiges über den Isolationszustand einer Batterie", „Verhütung einer Erkrankung des Akkumulators durch Verwendung von Säuremessern".

* * *

Vorwort zur 3. Auflage.

Der Text der 2. Auflage erschien im Verlage von Dunod, Paris, i. J. 1924 in französischer Übersetzung.

Die 3. Auflage unterscheidet sich von der 2. im wesentlichen nur dadurch, daß ein Kapitel über die Konstruktion des Bleiakkumulators eingefügt und dasjenige über seinen Zweck erweitert wurde, weil dies dem Verf. zum Verständnis des Buches nötig erschien. Für diese beiden Abschnitte wurden Arbeiten des Herrn Oberingenieur Dr. Beckmann, Berlin, benutzt. Im IV. Kapitel fanden an einigen Stellen Veröffentlichungen der Akkumulatorenfabrik A.-G., Berlin, Verwendung.

Dieser Firma sowohl als auch Herrn Dr. Beckmann gebührt der Dank des Verfassers, ferner auch der Verlagsfirma R. Oldenbourg für zweckmäßige und geschmackvolle Ausstattung des Buches.

Leipzig, im November 1927.

F. E. Kretzschmar.

Inhaltsverzeichnis.

II. Kapitel.

Feststellung der Krankheitsursachen

III. Kapitel.

Beseitigung einer Krankheit des Akkumulators.

A.

Mittel, die im Interesse der Haltbarkeit der Batterie vom Besitzer
angewandt werden müssen:

B.

Mittel, das im Interesse der Haltbarkeit der Batterie vom Besitzer
angewandt werden kann:

C.

Mittel, die im Interesse der Haltbarkeit der Batterie nur von der Akkumulatorenfabrik oder vom Besitzer nur mit deren Einverständnis
angewandt werden dürfen:

IV. Kapitel.

Einleitung.

1. Konstruktion des Bleiakkumulators.

Sie soll im folgenden nur insoweit beschrieben werden, als es zum Verständnis des Buches nötig ist.

In einem Gefäß *a* (Abb. 1) aus Glas, Hartgummi oder in einem mit Bleiblech ausgeschlagenen Holzkasten hängen oder stehen isoliert die negativen (grauen) Platten *b*, die an eine Bleileiste *c* gelötet sind; zwischen ihnen befinden sich die dickeren positiven (braunen) Platten *d*, die mit einer Bleileiste *f* verbunden sind. Die + und — Platten sind bei ortsfesten (stationären) Batterien durch Holzbrettchen *g* (Abb. 2

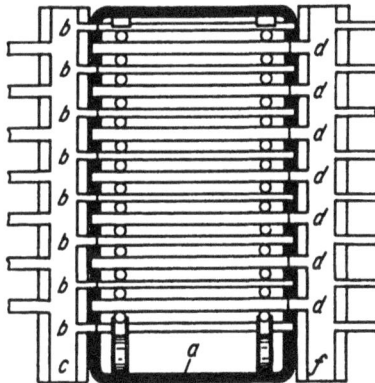

Abb. 1.

u. 3) mit übergeschobenen Holz- oder Hartgummistäbchen *h*, seltener durch Glasrohre, isoliert; bei transportablen Batterien dagegen besteht die Isolierung meist aus Holzbrettchen *g* mit anliegenden gewellten und perforierten Hartgummiblechen *w* (Triebwagen-, Lokomotiv- und Elektrokarren-Elemente). (Abb. 4 u. 5.) Die Platten sind wesentlich kürzer als die innere Höhe der Gefäße, damit unter ihnen Raum für abfallende Masse bleibt (Schlammraum).

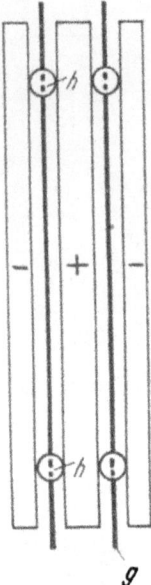

Abb. 2.

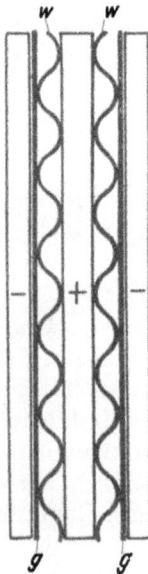

Abb. 3.

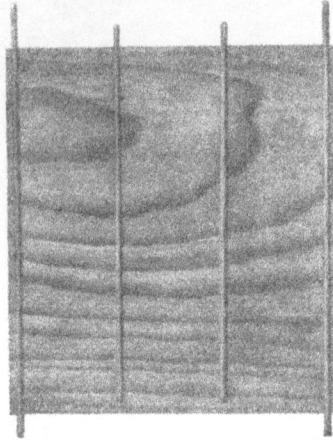

Abb. 4.

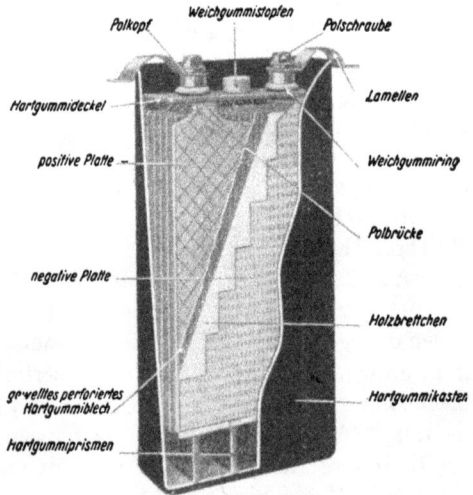

Abb. 5.

A. Stationäre Akkumulatoren; transportable Akkumulatoren mit hohem Gewicht und großer Leistung zum Betriebe von Lokomotiven und Triebwagen.

Positive Platte (Großoberflächenplatte).

Stets Weichbleirahmen, in dessen rechteckigen Feldern sich jalousieartig angeordnete, sehr dünne Weichbleirippchen befinden (Abb. 6 u. 7). Durch diese Anordnung wird die tatsächliche Oberfläche der Platte etwa achtmal so groß als die sichtbare. (Auf den Rippchen setzt sich, sobald der Akkumulator tätig ist, Bleisuperoxyd fest.)

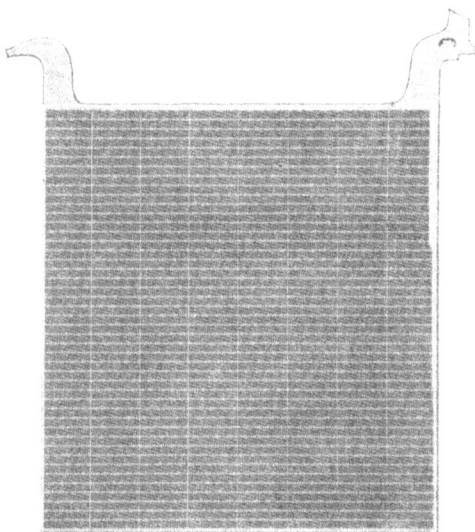

Abb. 6.

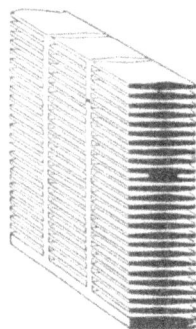

Abb. 7.

Die Konstruktion ist bei allen Fabriken gleich; die Platten unterscheiden sich nur durch ihr Gewicht. Die schwerere Platte ist für die gleiche Leistung die bessere, da sie größere Lebensdauer besitzt: durchschnittlich, je nach Beanspruchung, 5 bis 10 Jahre.

Negative Platte.

1. Kastenplatte (Abb. 8 u. 9). Hartbleirahmen *a* mit quadratischen Kästchen *b*. Diese enthalten eine weiche, teigige Masse *c* aus Bleioxyden, die mit Kienruß als Lockerungs-

1*

mittel vermischt ist. Das Herausfallen der Masse wird durch ein angegossenes perforiertes Bleiblech *d* verhindert.

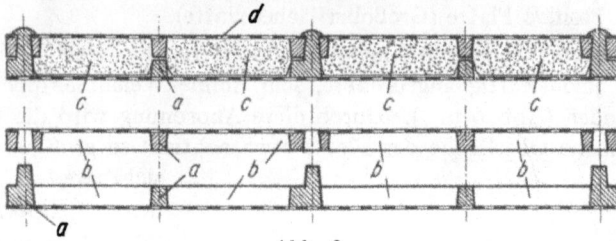

Abb. 8.

2. Gitterplatte (Abb. 10). Rahmen aus Hartblei, in den die aus Bleioxyden bestehende Masse eingestrichen wird,

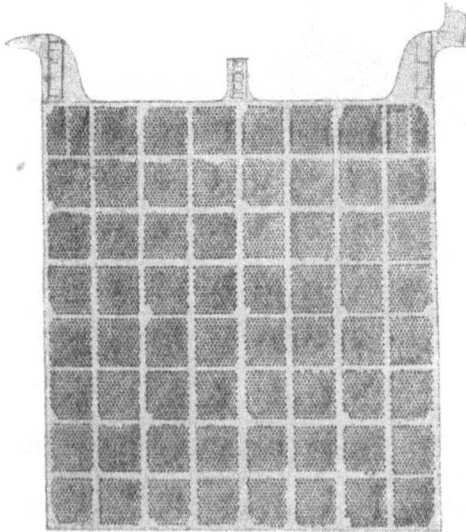

Abb. 9.

die man aber nicht, wie bei der Kastenplatte, im teigigen Zustande beläßt, sondern trocknet und härtet. Das ist nötig, damit die Masse am Hartbleirahmen fest anliegt und nicht etwa durch Erschütterungen, z. B. beim Transport, sich löst und herausfällt.

Beim Einbau in die Elemente wird dann jede Gitterplatte auf beiden Seiten durch Holzfurniere *g* verschlossen (Abb. 11), die durch Glasrohre *s* angepreßt werden.

Für Akkumulatoren unter A. ist die Gitterplatte bei weitem nicht so geeignet als die Kastenplatte. Im Betriebe nämlich erleidet die Masse — sowohl die der Kasten-

Abb. 10.

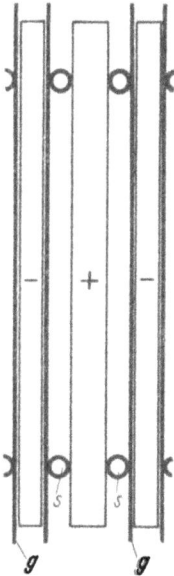

Abb. 11.

als die der Gitterplatte — Volumen-
änderungen, die sich ganz verschieden
auswirken. Während die teigige Masse
der Kastenplatte immer gute Verbindung mit dem Bleigerüst behält, löst
sich die harte, spröde Masse der
Gitterplatte allmählich von ihm ab
(Abb. 12). Nach mehreren hundert
Ladungen und Entladungen ist die Verbindung so schlecht, daß die Leistung
der Platte unter Umständen bis unter
die Hälfte zurückgeht. Die Lebensdauer der Gitterplatte beträgt demzufolge bei hoher Beanspruchung
und guter Wartung nur 3 bis 6 Jahre,
während die der Kastenplatte unter
den gleichen Bedingungen mit 15 bis
20 Jahren nicht zu hoch gegriffen sein
dürfte[1]).

Das Problem einer brauchbaren
Negativen für Akkumulatoren unter A.
ist also durch die **Kastenplatte** gelöst,
die aber z. Z. nur von der Akkumulatoren-Fabrik A.-G., Berlin, ge-
baut wird, weil ihre Herstellung eine
überaus kostspielige Einrichtung und
jahrzehntelange Erfahrung bezüglich
der Masse erfordert.

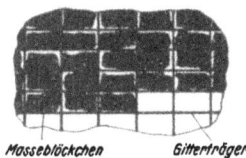

Masseblöckchen   Gitterträger

Abb. 12.

---

[1]) Etwa dasselbe sagt auch Dr. Förster, o. Prof. an der Dresdener
Techn. Hochsch. in seinem Buche: „Sekundär"-Elemente, Akkumulatoren, S. 220/21 der 2. Auflage.

B. Transportable Akkumulatoren mit geringem Gewicht und großer Leistung zum Antrieb von Straßenfahrzeugen oder zur Ingangsetzung und Beleuchtung von Automobilen mit Explosionsmotor (Anwurfbatterien).

Während bei ortsfesten Batterien das Gewicht des Akkumulators nur eine untergeordnete Rolle spielt und bei Fahrzeugen, die sich auf Schienen bewegen (Lokomotiven, Triebwagen), ein hohes Gewicht sogar erwünscht sein kann, ist dies bei Fahrzeugen, die auf mehr oder weniger guten Straßen laufen, nicht der Fall. Hier gilt es, einen leichten Akkumulator mit hoher Leistungsfähigkeit zu verwenden. Auch Anwurfbatterien müssen bei geringem Gewicht eine bedeutende Leistung abgeben können, da bei ihnen häufig der Entladestrom auf kurze Zeit den 100fachen Wert von dem erreicht, was sonst Batterien gleicher Konstruktion zugemutet wird.

Während bei einer ortsfesten Batterie das Elementgewicht für 1 kWh Leistung ca. 130 kg beträgt, ist es z. B. für eine Kraftdroschke nur etwa 32 kg. Dieses geringe Gewicht kann aber nur mit der für ortsfeste Batterien weniger geeigneten Gitterplatte erreicht werden, die dann bei Straßenfahrzeugen usw. für beide Plattensorten verwendet wird: ihr Hartbleirahmen ist nur wenige Millimeter dick (Abb. 13).

Geringes Gewicht und hohe Leistung einer Batterie schließen naturgemäß eine lange Lebensdauer des Materials aus. Um so anerkennenswerter ist es daher, daß es auf Grund langjähriger Erfahrung gelungen ist, die Betriebsdauer dieser Batterien derart zu steigern, daß sie über 250 Entladungen sowie zahlreiche Erschütterungen vertragen, ehe eine Erneuerung der Positiven nötig wird; die Negativen haben die doppelte Lebensdauer.

Das ist in erster Linie auf die Zusammensetzung der Masse (Fabrikgeheimnis!), auf sorgfältigste Isolierung der Platten und auf den Einbau in oben verschlossene Hartgummigefäße (Abb. 5) zurückzuführen, die ein Überfließen der Säure bei Erschütterung verhindern.

Neuerdings bringt die Akkumulatoren-Fabrik A.-G., Berlin, sogenannte Panzerplatten-Elemente auf den

Markt, bei denen die positive Elektrode aus nebeneinander-
liegenden Hartgummiröhrchen besteht, die mit wirksamer
Masse gefüllt und durch einen gemeinsamen Rahmen zu einer
Platte fest vereinigt sind. Die Hartgummiröhrchen selbst
sind mit feinen, senkrecht zur Achse stehenden Schlitzen versehen, durch die Strom und Säure frei zu- und austreten
können. Durch die ganze Länge des Röhrchens verläuft als
Achse ein kräftiger Bleidraht, welcher die Aufgabe hat, der um

Abb. 13.

ihn gelagerten wirksamen Masse den Strom zuzuführen oder
zu entnehmen.

Verglichen mit der positiven Gitterplatte, erreicht die
positive Panzerplatte eine mehr als doppelte Lebensdauer.

2. Zweck des Akkumulators.

Befindet sich in einer Gleich- oder Drehstromanlage ein
Akkumulator ausreichender Kapazität, so kann stets eine
durchaus gleichmäßige Belastung der Antriebsmotoren
selbst bei sehr schnellem und starkem Auf- und Niederwogen
der Energie erzielt werden, da der Sammler einesteils während
der Betriebspausen oder zu Zeiten schwacher Belastung direkt

8 Einleitung.

aus den Zentralmaschinen oder durch Rückstrom geladen, andernteils zur Aufnahme der Belastungsspitzen herangezogen werden kann. Dies ergibt bei der Projektierung eine wesentliche Verkleinerung der Maschinenanlage, im Betriebe günstigsten Füllungs- und Wirkungsgrad der Antriebsmotoren und damit wieder bedeutende Ersparnisse an Treiböl, Gas, Kohle, Schmieröl usw. Die gleichmäßige Belastung der Antriebsmotoren ermöglicht wiederum ruhigen Betrieb und vermindert außerordentlich den Verschleiß der in Bewegung befindlichen Maschinenteile: ein Punkt, auf den vielleicht bis jetzt viel zu wenig Gewicht gelegt worden ist.

Bei langandauernder schwacher Belastung, wie meist nachts, brauchen überhaupt keine Maschinen zu laufen, weil dann der Akkumulator allein die Energielieferung übernimmt.

Eine **Erhöhung** der **Lebensdauer** der Maschinen, sowie eine **Verbesserung der Wirtschaftlichkeit und des Belastungsfaktors**[1]) **der Anlage** sind also die Folgen.

Überaus wertvoll ist der Sammler **beim vorübergehenden Versagen eines Maschinenaggregats** oder bei unvorhergesehenen Störungen, da er in diesen Fällen die Belastung übernimmt, so daß **keine einschneidende Betriebsunterbrechung** möglich ist.

Beim Ausbleiben der Energielieferung aus einem Netze kann er als **Momentreserve** dienen, wie dies z. B. beim Walzwerk Peine der Fall ist. Dort steht eine der größten Batterien der Welt, die eingreift, falls während einer Charge plötzlich der Drehstrom der Fernleitung ausbleiben sollte. Ein solches Versagen gerade in dem Augenblicke, wo geblasen wird, könnte große Sachwerte vernichten und Menschenleben gefährden.

Eine **Wasserkraft,** die zwar für den durchschnittlichen Bedarf eines Betriebes, aber nicht für stärkere Beanspruchung ausreicht, kann **durch** den **Akkumulator ergänzt** werden, falls eine Stauanlage unwirtschaftlich sein sollte. Ein Beispiel hier-

[1]) Verhältnis der mittleren Jahresbelastung zum Zentralenmaximum.

für bietet die Wendelsteinbahn, für deren Betrieb der Förchenbach allein nicht ausgereicht haben würde, — ein anderes eine Spinnerei bei Turin, für deren Tag und Nacht während Betrieb zunächst die Wasserkraft der Dora Baltea allein Verwendung fand. Als dann durch Gesetz die Nachtarbeit der Frauen verboten wurde, mußte die Leistungsfähigkeit der Fabrik während der Tagesstunden verdoppelt werden. Demnach wurde ein Akkumulator beschafft, der, durch die Wasserkraft des Flusses zur Nachtzeit geladen, es ermöglichte, daß die Spinnerei während der Tagesstunden nicht allein durch die ungeschmälerte Wasserkraft, sondern auch durch Elektrizität betrieben wurde, so daß die frühere Leistung aufrechterhalten werden konnte.

Werden stationäre oder auch transportable Akkumulatoren (**Anschlußbatterien** zur Beleuchtung von Theatern, **Automobilbatterien**) infolge verbilligten Tarifs nur zu Zeiten schwacher Belastung des Elektrizitätswerks geladen, so dient das zur **Verbesserung des Belastungsfaktors** der Zentrale. Außerdem entsteht dem betr. Werke ein recht beträchtlicher Stromabnehmer. Legt man z. B. für das Jahr bei einem Lastwagen 15000 km, bei einer Droschke 40000 km Fahrleistung zugrunde, so ergibt sich folgender Energieverbrauch für die verschiedenen Wagenarten:

Wagenart	Energieverbrauch	
	für 1 km auf ebener Strecke kWh [2])	für das Jahr (bei 15000 bzw. 40000 km Fahrleistung) kWh
Bef-Wagen[1]) (400 kg)	0,18 bis 0,2	2700 bis 3000
Droschke	0,4	16000
1 t-Wagen	0,35	5250
2,5 ,,	0,52	7800
3 ,,	0,74	11100
5 ,,	1,00	15000

Ganz besondere Bedeutung hat aber neuerdings der Akkumulator für den Betrieb von Fahrzeugen erlangt: leistet doch

---

[1]) Wagen der Berliner Elektromobil-Fabrik.
[2]) kWh = Kilowattstunden.

z. B. der Elektrokarren (Abb. 14), der nur eines einzigen
Mannes zur Bedienung bedarf, in der gleichen Zeit soviel als
2 Handkarren mit je 4 Mann Bedienung.

Das Charakteristische des Elektromotorenantriebes mit
Akkumulatoren ist eine über-
aus günstige Ausnutzung der
dem Fahrgestell zugeführten
Energie. Vergleichende Untersuchungen an zwei Lastwagen von gleicher Nutzlast
und Geschwindigkeit mit
Elektromotor- bzw. Benzin-
motorantrieb haben ergeben,
daß für den elektrischen Wagen ein Wirkungsgrad von ca.

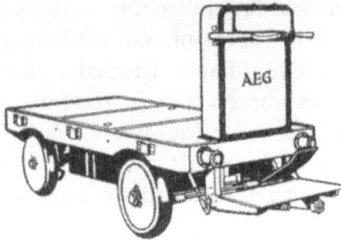

Abb. 14.

50% gegenüber nur ca. 14% beim Fahrzeug mit Verbrennungs-
motor vorhanden ist. Als Folge ergibt sich, daß bei elektri-

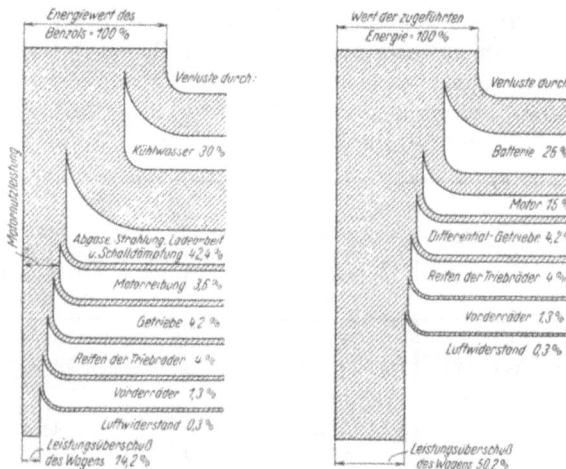

Abb. 15.

schen Fahrzeugen die gleiche Zugleistung mit geringeren Ener-
giemengen zu erreichen ist. Diese Tatsachen werden durch
die beiden Energiediagramme (Abb. 15) veranschaulicht.

3. Ladung einer Batterie.

Vor Beginn der Ladung befindet sich auf den positiven Platten eine Mischung von Bleisulfat mit Bleisuperoxyd, auf den negativen eine solche von Bleisulfat mit schwammigem metallischen Blei. Das Sulfat ist in um so größeren Mengen vorhanden, je mehr Amperestunden bei Entladung entnommen wurden; es läßt sich ohne weiteres beseitigen, wenn Ladung kurz nach Entladung erfolgt.

An und für sich ist es völlig gleichgültig, mit wie starkem Strome geladen wird, wenn man nur nicht den auf der Bedienungsvorschrift als höchstzulässig angegebenen überschreitet.

Durch den Ladestrom wird die in den Poren der Masse befindliche dünne, gut leitende Säure zersetzt. Es bildet sich im Innern der positiven Platten Sauerstoff, während in den vielen feinen Kanälen, welche die Masse der Negativen durchziehen, Wasserstoff entsteht. Während des größten Teiles der Ladung werden diese beiden Gase bei ihrem Angriff auf die vielen feinen Bleisulfatteilchen restlos chemisch gebunden. Der Sauerstoff verwandelt das Sulfat in Superoxyd, der Wasserstoff dagegen veranlaßt die Rückbildung des schwefelsauren Bleies zu Bleischwamm, wobei in beiden Fällen Schwefelsäure von großer Dichte infolge Umwandlung des Sulfats gebildet wird. In den Poren der Masse muß also das spezifische Gewicht der Säure erheblich größer sein als in der die Platten umgebenden Flüssigkeit. Je dichter aber die Säure ist, von der die Masse durchsetzt wird, um so höher ist die Spannungslage der Platten. Sie muß sich also gleich bei Beginn der Ladung über die Ruhespannung erheben, die bei einer Säuredichte von 1,20 etwa 2,08 Volt beträgt. Ist eine Batterie aber mit schwachem Strom bis zur zulässigen Spannungsgrenze entladen worden, so ist die Säuredichte niedriger als 1,20; die Ruhespannung beträgt dann etwa 2,04 Volt (Abb. 16).

In die Poren der Masse dringt nun fortgesetzt dünne Säure ein, während die dichte die Platten verläßt und sich mit der Flüssigkeit in den Plattenzwischenräumen mischt, wodurch deren spezifisches Gewicht steigt, was sich am

Aräometer beobachten läßt. Diese „freie"[1]) Säure verursacht
deshalb ein weiteres Ansteigen der Gegenspannung der Platten
(Abb. 16, Kurvenstück *a b*).

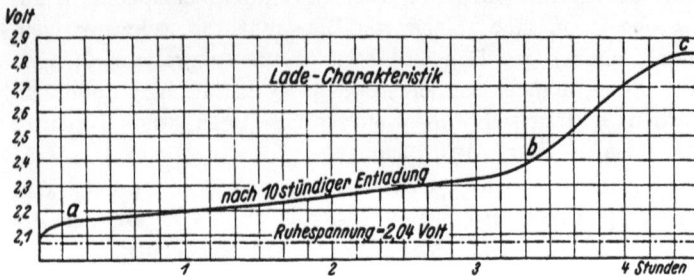

Abb. 16.

**Die Dichte der die Platten umgebenden Säure nimmt
proportional der aufgeladenen Elektrizitätsmenge zu und ist
deshalb ein Maß für sie.**

Im Laufe der Ladung vermindert sich aber das Bleisulfat immer mehr, und schließlich finden die Gase im Augen-
blick ihres Entstehens nicht mehr genügend Sulfat zum
Angriffe vor, so daß nur noch ein Teil derselben chemisch
gebunden werden kann. Das freiwerdende Gas füllt die Poren
der Masse der Positiven und Negativen aus, verhindert das
Eindringen der dünnen Säure und treibt die konzentrierte
aus den Poren heraus, so daß längs der Platten und unterhalb derselben starke Schlieren sehr dichter Säure herab-
fließen.

Je mehr Poren sich nun mit dem schlecht leitenden Gase
füllen, ein um so größerer Teil des Ladestromes nimmt seinen
Weg direkt durch die gut leitenden Bleisuperoxyd- und Bleischwammteilchen. In immer weniger Poren findet noch Zer-
setzung der Flüssigkeit statt, dagegen zerlegt der Strom
immer mehr von der Säure, welche die Platten umgibt,
in Sauer- und Wasserstoff. Es findet dann eine von außen
sichtbare, immer mehr an Stärke zunehmende Gasentwicklung statt, die meist an den Negativen zuerst einsetzt. Obwohl

---

[1]) Freie Säure, solche im Plattenzwischenraum, zum Unterschiede
von der Säure in den Poren.

nun der innere Widerstand der Platten infolge allmählicher Beseitigung des Sulfats immer mehr abnimmt, muß doch mit zunehmender Gasentwicklung eine immer höhere Ladespannung eingehalten werden (Abb. 16, Teil *b* bis *c*), wenn weiterhin Ladung stattfinden soll. Dies ist nicht auf die zunehmende Dichte der Schwefelsäure oder auf einen etwaigen Widerstand der Gasblasen, sondern auf eine Überspannung zurückzuführen, die mit der Wasserstoffbildung am Bleischwamm und der Sauerstoffentwicklung am Bleisuperoxyd verknüpft ist. Für erstere beträgt sie ca. 0,44 Volt, für letztere ist sie erheblich geringer. Dieser Zuwachs an Spannung ist erklärlich, wenn man bedenkt, daß zur Bildung der Gasblasen an den Elektroden eine zusätzliche elektrische Energie aufgewendet werden muß.

Sobald nun die Ladespannung nicht mehr steigt, die Säuredichte um ebensoviel Striche am Aräometer gestiegen ist, als sie bei Entladung gefallen war, und beide Plattensorten lebhaft Gas entwickeln[1]), ist die Ladung als beendet anzusehen.

Um festzustellen, ob eine Batterie tatsächlich gut aufgeladen ist, schaltet man sie doppelpolig vom Netze ab. Sobald jetzt keine Gasbläschen mehr aufsteigen, fährt man abermals auf Ladung. Spätestens 2 Minuten nach Wiedereinschalten des Stromes müssen dann beide Plattensorten lebhaft gasen.

Da sich nach ordentlicher Aufladung Knallgas bildet, so kann man auch einer in der Nähe der Tür befindlichen Zelle mit Hilfe einer kleinen Holzplatte Gasblasen entnehmen, die man nur außerhalb des Akkumulatorenraumes entzünden darf. Explodieren sie heftig (ganz ungefährlich!), so ist die Batterie gut geladen (Knallgas-Indikator). Nachdrücklich muß aber davor gewarnt werden, dies Experiment etwa im Innern eines Akkumulatorenraumes vorzunehmen. Es hat dies bereits mehrere Male lebensgefährliche Explosionen zur Folge gehabt. In dieser Hinsicht ganz besonders

---

[1]) Deutlich zu erkennen, wenn man in irgendeiner Zelle drei benachbarte Holzbrettchen etwa 1 cm hochzieht und mittels Glühlampe die Zwischenräume ableuchtet.

gefährlich sind schlecht ventilierte niedrige Akkumulatorenräume, in denen sich bei Ladung das Gas in großen Mengen
ansammelt.

Die Ladung einer Batterie kann nun zwar bis zum Schlusse
mit dem auf der Bedienungsvorschrift angegebenen höchstzulässigen Strome geschehen; vorteilhaft ist es jedoch keinesfalls, da die Poren in der Masse sich schon mit den Strom nicht
leitendem Gas füllen, ehe noch alles Sulfat in Superoxyd oder
Bleischwamm umgewandelt ist. Daher empfiehlt es sich, sobald die Gasentwicklung an einer Plattensorte beginnt, sofort
den Ladestrom so weit abzuschwächen, daß er ungefähr
die Hälfte des höchstzulässigen beträgt. Wenn es aber die Be-
triebsverhältnisse irgend gestatten, halte man ihn noch wesentlich niedriger. Es findet dann nicht nur eine gründliche Beseitigung des Sulfats im Innern der Masse statt, sondern es
werden auch die positiven Platten geschont, da infolge
der weniger heftigen Gasentwicklung aktive Masse in geringerer
Menge als bei höchstzulässigem Ladestrom abgerissen wird.

Bei Zeitmangel lädt man am besten erst gegen Schluß
der Ladung mit der Hälfte des höchstzulässigen Stroms;
sobald jedoch an beiden Plattensorten lebhafte Gasentwicklung
auftritt, ermäßigt man den Strom bis auf $1/_{10}$ des höchstzulässigen und führt diese verhältnismäßig geringe Energie
noch ungefähr $1/_4$ bis $1/_2$ Stunde lang der Batterie zu.

Die maximale Ladespannung pro Zelle beträgt bei höchstzulässigem Strome und 15° C Säuretemperatur

　　a) bei Glasrohreinbau ca. 2,7 bis 2,75 Volt,
　　b) bei Brettcheneinbau ca. 2,8 bis 2,85 Volt.

Falls jedoch mit einem kleineren Strome geladen wird,
so sind die angegebenen Endspannungen nicht zu erreichen,
bei Ladung z. B. mit der Hälfte des höchstzulässigen Stromes
und

　　a) Glasrohreinbau nur ca. 2,6 bis 2,65 Volt,
　　b) Brettcheneinbau nur 2,70 bis 2,76 Volt.

Die Verschiedenheit in den Endspannungen rührt einesteils von der Plattengröße, andernteils von der Art der Platten-
isolierung her. Der innere Widerstand ist nämlich bei Holz-
brettchen- oder Hartgummiplatten-Einbau höher als bei Glas-

rohr-Einbau; folglich muß bei den ersten beiden Arten der Isolierung die Spannung bei Beendigung der Ladung höher
liegen.

Bis zu obigen Spannungswerten kann jedoch die Ladung
nicht durchgeführt werden, wenn die Säuretemperatur erheblich über 15° C liegt,
wie die Messungen von
Prof. C. Heim[1]) zeigen.
Es wurde der jedesmal
bis zur zulässigen Span-
nungsgrenze entladene
Akkumulator mit dem
gleichen Strom einmal
bei 14° C, das andere Mal
bei 45° C geladen, und es
ergab sich, wie Abb. 17
zeigt, im ersten Falle eine
Höchstspannung von ca.

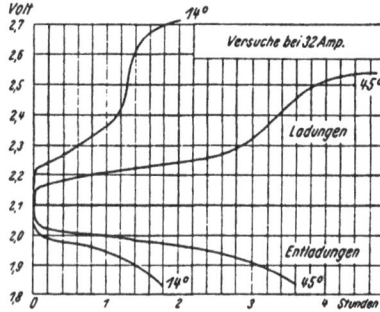

Abb. 17.

2,73, im zweiten Falle dagegen nur eine solche von ca. 2,56 Volt.

Dies rührt nach Prof. Heim daher, daß die im Innern
der Platten bei Ladung gebildete Schwefelsäure mit zunehmender Erwärmung immer schneller nach außen befördert und
damit das Ansteigen der Spannung entsprechend verlangsamt
wird. Ferner sinkt auch mit steigender Temperatur die Dichte
der Säure, wie folgende Tabelle zeigt:

Temperatur in ° Celsius

15° (normal)	20°	25°	30°	35°	45°	
1,15			1,14		1,13	spez. Gew.
1,16			1,15		1,14	,, ,,
1,17			1,16		1,15	,, ,,
1,18			1,17		1,16	,, ,,
1,19			1,18		1,17	,, ,,
1,20			1,19		1,18	,, ,,
1,21			1,20		1,19	,, ,,
1,22			1,21		1,20	,, ,,
1,23			1,22		1,21	,, ,,
1,24	1,236	1,233	1,229	1,225	1,221	,, ,,
1,25	1,246	1,242	1,238	1,235	1,232	,, ,,
1,26	1,256	1,252	1,249	1,245	1,241	,, ,,

[1]) Elektrotechnische Zeitschrift 1901, Heft 39.

Mit abnehmender Säuredichte wird aber auch die Gegenspannung der Batterie geringer und damit die erforderliche
Ladespannung.

Es beträgt nun die Spannung einer Batterie von z. B.
126 Elementen, bei der am Schlusse der Ladung 18 Zellen
abgeschaltet sind, eine Säuretemperatur von 15⁰ C vorausgesetzt:

1. bei höchstzulässigem Ladestrom
   a) und Glasrohreinbau 2,75 · 108 = 297 Volt,
   b) und Brettcheneinbau 2,82 · 108 = 305 Volt;
2. bei der Hälfte des höchstzulässigen Ladestroms
   a) und Glasrohreinbau 2,65 · 108 = 286 Volt,
   b) und Brettcheneinbau 2,76 · 108 = 298 Volt.

Beträgt die Säuretemperatur aber z. B. 25⁰ C und besteht
die Batterie wiederum aus 108 Zellen mit Brettcheneinbau, so dürfte bei Anwendung des höchstzulässigen
Stromes bis zum Schlusse der Ladung eine Maximal-Lade-
spannung von nur 299 bis 300 Volt erreicht werden, da man
ungefähr

**für jede Zelle pro 1⁰ C Temperatursteigerung 0,005 Volt
Spannungsabnahme**

rechnen kann.

Nachstehende Tabelle bietet einen Anhalt für vorschriftsmäßige Aufladung einer Batterie, falls mit dem höchstzulässigen Strome bis zum Schlusse geladen wird.

Hat man die volle garantierte Kapazität entnommen mittels:	so ist die Ladung beendet nach etwa:
1 stündigen Stromes	2 Stunden 20 Min.
3 ,, ,,	3 ,, 20 ,,
10 ,, ,,	4 ,, 30 ,,

Bei schwächerem Strome als dem höchstzulässigen ist
natürlich länger zu laden.

Überschreitet die Säuretemperatur 40⁰ C, so ist die Ladung
zwecks Abkühlung der Säure zu unterbrechen, da sonst allmählich die Holzbrettchen verkohlen. Durch die Erwärmung
nimmt die Säure ein größeres Volumen an; der Säurespiegel
steigt.

Hat man einer Batterie nicht die volle Kapazität entnommen, so muß man auch eine entsprechend kürzere Zeit
laden. Eine Vorausberechnung der Ladezeit wäre ein un-
nützes Beginnen. **Nur die Gasentwicklung in Verbindung
mit der Säuredichte geben untrüglichen Aufschluß darüber,
wann die Ladung beendet ist.**

Besitzt eine Batterie Brettcheneinbau, so wandern
bei Ladung bleisulfatlösende Stoffe, die in den Brettchen
aufgespeichert sind und von der Säure in äußerst kleinen
Mengen gelöst werden, mit dem Strome nach den Negativen.

**Gesund ist eine Batterie, wenn ihr die garantierte Kapa-
zität nach normaler Ladung entnommen werden kann.**

Bei Ladung von Batterien **unveränderlicher** Elementzahl,
wie sie für elektrisch betriebene Last- und Personenwagen,
Einachsschlepper, Lastkarren, Lokomotiven, Triebwagen, Tele-
phon-, Telegraphen- und Feuermeldeanlagen sowie Boote
dienen, ist es wünschenswert, daß die Ladung **ohne jede Bedienung** erfolgt; denn es steht oft nur die Nacht für die Ladung
zur Verfügung, weil die betreffende Batterie am nächsten
Morgen wieder betriebsbereit sein muß.

Um nun zu geringe Ladung mit darauffolgender Sulfat-
bildung oder die mit starker Energievergeudung verbundene
Überladung unmöglich zu machen, verwendet man neuerdings einen **selbsttätigen Ladeschalter, System Pöhler**[1]). Seine
Konstruktion beruht auf der Feststellung, daß jede Batterie
von dem Zeitpunkte ab, wo sie während der Ladung eine
Elementspannung von 2,4 Volt erreicht hat, eine fast konstante
Energie bis zur Volladung verbraucht, einerlei, welche Strom-
menge ihr vorher entnommen wurde. Es ist nun leicht, den
Punkt zu bestimmen, an dem die Spannung von 2,4 Volt erreicht ist, da die Ladespannung des Elementes dort sprung-
artig ansteigt. Infolgedessen ist es möglich, ein Relais
herzustellen, das an fraglicher Stelle mit Sicherheit an-
spricht. Durch dieses kann dann ein Uhrwerk in Gang gesetzt werden, das nach einer bestimmten, durch Erfahrung

---

[1]) Wird hergestellt von der Akkumulatorenfabrik A.-G.,
Berlin.

ermittelten Zeit einen Schalter auslöst und damit den Ladestrom unterbricht.

Die Uhr ist einstellbar für eine Laufzeit von $1/_4$—3 Stunden
mit $1/_4$stündigen Abständen.

Eine mechanische Sperrvorrichtung verhindert, daß das
Einschalten des selbsttätigen Ladeschalters vor dem Aufziehen
der Uhr erfolgen kann.

4. Ruhezustand einer Batterie.

Schaltet man den Ladestrom aus, so fällt die Spannung
pro Zelle sehr rasch auf 2,2 bis 2,3 Volt und darauf weiterhin
bei 1,20 Säuredichte auf ca. 2,08 Volt (Ruhespannung), weil
konzentrierte Säure aus den Platten in die umgebende Flüssigkeit diffundiert. Hierdurch steigt der Säuremesser
noch etwas, obwohl die Ladung beendet ist.

Bleibt der geladene Akkumulator längere Zeit der Ruhe
überlassen, so bemerkt man, daß die Säuredichte langsam abnimmt, weil Selbstentladung stattfindet, die bei einer
maximalen Säuredichte von 1,20 unter 1% der garantierten Leistung pro Tag beträgt. Diese Kapazitäts-
einbuße ist zum größten Teile folgenden beiden Ursachen
zuzuschreiben:

1. Sowohl die negativen als auch die positiven Platten
stehen mit ihrer unteren Hälfte stets in dichterer Säure als
mit ihrer oberen, so daß der untere Teil infolge seiner höheren
Spannungslage entladen, der obere — natürlich unter Verlust
— geladen wird.

2. Die Superoxydteilchen und der aus reinem Blei bestehende Träger der Masse bilden viele kurzgeschlossene
Elemente; es findet also im Innern der Positiven selbst
sogar während betriebsmäßiger Ladung und Entladung fortgesetzt nutzlose Entladung statt. Aus diesem Grunde geht
eine ständige Umwandlung von Superoxyd und Masseträger
in Sulfat vor sich. Die vielen feinen Bleirippchen werden im
Laufe der Jahre infolge der ständigen Formierung immer
dünner, und der schließliche Verfall der positiven Platten ist
die unausbleibliche Folge.

Gleichwohl ist das Formieren des Kernes der + Platten
durchaus nötig, da sonst die Kapazität jeder Batterie, infolge

Abreißens der Masse durch die Gasentwicklung gegen Schluß der Ladung, sehr bald zurückgehen würde.

Die Leistung einer ordnungsgemäß geladenen und richtig behandelten Batterie nimmt sogar bei nicht zu starker Beanspruchung im Laufe der ersten Betriebsjahre infolge der ständigen Formierung des Kernes zu, da diese in stärkerem Maße vor sich geht als der Masseabfall.

Eine aus 35 Elementen der Type S 6 bestehende Pollakbatterie wurde im Juli 1892 in Betrieb gesetzt. Bei der Entladungsprobe ergaben sich in mehreren aufeinanderfolgenden Jahren nachstehende Klemmenspannungskurven[1]) (Abb. 18),

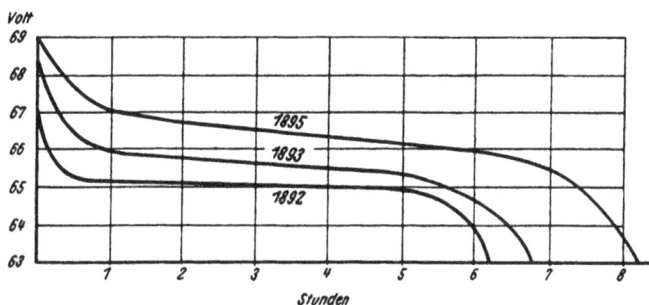

Abb. 18.

die erkennen lassen, daß die Kapazität in 3 Jahren um etwa 30% gewachsen war. Die Batterie war ständig in Betrieb und wurde wöchentlich dreimal geladen.

Villenbatterien befinden sich öfters $1/_4$ bis $1/_2$ Jahr im Ruhezustand.

5. Entladung einer Batterie.

Eine Batterie ordnungsgemäß zu entladen ist viel leichter als sie der Vorschrift gemäß zu laden, falls nur die Entladung durch einen bei allen Belastungen richtig zeigenden Amperestundenzähler registriert wird.

Vor Beginn der Entladung befindet sich bei einer ausreichend geladenen Batterie auf den + Platten Bleisuper-

---

[1]) Holzt, Schule des Elektrotechnikers, Bd. III, S. 1083.

oxyd, auf den — Platten dagegen feines, schwammiges Blei[1]).

Während der Entladung nun wird allmählich Bleisulfat auf beiden Plattensorten gebildet, wodurch Schwefelsäure verbraucht und in den Poren der Positiven Wasser frei wird. Diese Vorgänge haben eine fortschreitende Verarmung der die Platten umgebenden Flüssigkeit an konzentrierter Säure zur Folge; ihr spez. Gewicht sinkt.

Es dürfte nach Entnahme der garantierten Kapazität in der Regel um 0,025 bis 0,05 gefallen sein; auf der Skala des Säuremessers sind dies 25 bis 50 Striche. Der dreistündigen Kapazität entsprechen etwa 25 Striche, der zehnstündigen etwa 50 Striche.

Bleisulfat bildet sich nun sowohl an der „sichtbaren" Oberfläche[2]) der Platten, dort einen dünnen Überzug bildend, als auch im Innern der aktiven Masse, wo es zwischen Bleisuperoxyd- und Bleischwammteilchen in fein verteiltem Zustande eingelagert ist. Da nun das sich bildende Bleisulfat ein größeres Volumen als Bleisuperoxyd und Bleischwamm einnimmt[3]), aus denen es ja entsteht, so erleiden die

---

[1]) Chemische Umsetzung bei **Entladung** des Akkumulators:

Anfangszustand: Völlig geladen.

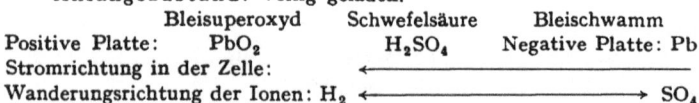

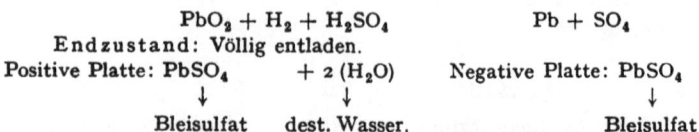

	Bleisuperoxyd	Schwefelsäure	Bleischwamm
Positive Platte:	PbO_2	H_2SO_4	Negative Platte: Pb

Stromrichtung in der Zelle: ⟵———————————

Wanderungsrichtung der Ionen: H_2 ⟵————————⟶ SO_4

$$PbO_2 + H_2 + H_2SO_4 \qquad\qquad Pb + SO_4$$

Endzustand: Völlig entladen.

Positive Platte: $PbSO_4$ $+ 2 (H_2O)$ Negative Platte: $PbSO_4$

        ↓   ↓   ↓

    Bleisulfat   dest. Wasser.   Bleisulfat.

Bei völliger Entladung verschwindet scheinbar die Schwefelsäure; sie ist aber in Wirklichkeit im Bleisulfat chemisch gebunden.

[2]) Unter „sichtbarer" Oberfläche ist diejenige zu verstehen, welche man nach Herausnahme einer Platte aus der Säure sehen würde.

[3]) Nach Ing. Schoop, Sammlung elektrotechnischer Vorträge 1903, Seite 230, beträgt die Volumenvergrößerung infolge Sulfatbildung 0,56 cm³ pro Amperestunde auf der Bleischwammplatte und 0,43 cm³ auf der Superoxydplatte.

unzähligen feinen Poren eine mit Entladung stetig fortschreitende Verengerung, wodurch die Säurezufuhr nach den im Innern der aktiven Schicht befindlichen geladenen Masseteilchen immer mehr erschwert wird. Der gegen Schluß der Entladung rasch zunehmende Spannungsabfall dürfte sich demnach auf drei Faktoren zurückführen lassen: einmal auf die fortschreitende Säurearmut der die Platten umgebenden Flüssigkeit, wodurch in die Poren eine immer dünnere Säure gelangt, auf die fortschreitende Verengerung der Poren, durch welche die Zufuhr selbst der weniger dichten Säure allmählich verringert wird, sowie auf das Durchsetzen der aktiven Masse mit schlechtleitendem Bleisulfat, wodurch der innere Widerstand steigt. Nach Messungen der Akkumulatorenfabrik A.-G., Berlin, beträgt er

entladen: geladen:

$$\text{ca. } \frac{0,006}{\text{Typenindex}} \text{ Ohm}; \quad \text{ca. } \frac{0,0045}{\text{Typenindex}} \text{ Ohm}$$

z. B. Type J_{100}: geladen 0,000045 Ohm; entladen: 0,00006 Ohm.

Je kleiner nun die Entladestromstärke ist, um so gleichmäßiger wird die aktive Masse zur Arbeit herangezogen. Anders bei hohen Stromstärken! Dann werden zunächst nur die an der „sichtbaren" Oberfläche der positiven Platten befindlichen Masseteilchen entladen, da zu ihnen die zur Sulfatbildung erforderliche Säure sehr schnell gelangen kann. Dort tritt infolgedessen rasch Porenverengerung auf. Wenn hierauf bei längerer Dauer der Entladung hauptsächlich geladene Teile im Innern der Masse zur Energielieferung herangezogen werden und infolgedessen in der Umgebung des Superoxyds die Dichte der Säure schnell abnimmt, so kann neue Säure höherer Konzentration nur in ungenügenden Mengen dorthin gelangen; ein rascher Spannungsabfall des Akkumulators ist daher unvermeidlich. Starker Entladestrom wird daher bei Entnahme der gleichen Amperestundenzahl schnellerer Abfall der Säuredichte und der Klemmenspannung zur Folge haben als ein schwacher, so daß also die Kapazität eines Akkumulators mit wachsendem Entladestrom sinken muß.

Folgende Daten, die einer Preisliste der **Akkumulatoren-fabrik Gottfried Hagen, Köln-Kalk**, entnommen sind, bestätigen das Gesagte:

Type	Entladezeit in Stunden	Garantierte Kapazität in Ah	Entladestrom in Amp.
M D 78	1	1014	1014
	2	1214	607
	3	1404	468
M 78	3	1404	468
	5	1560	312
	7	1690	241
	10	1885	189

Nachfolgende Kurve[1]) (Abb 19) gestattet für die deutschen Fabrikate die Kapazitäten bis zu 80stündiger Entladung annähernd zu berechnen, wenn eine beliebige Kapazität laut Bedienungsvorschrift gegeben ist.

---

[1]) Die Werte für 1- bis 10stündige Entladung sind nach Preislisten berechnet worden. Für 10- bis 80stündige Entladung dagegen wurden sie nach der Formel $C = \dfrac{K_{max}}{1 + \dfrac{a}{\sqrt{t}}}$ bestimmt.

Die Konstanten K_{max} und a sind wie folgt ermittelt worden:

$$K_{max} = C_1 \left(1 + \frac{a}{\sqrt{t_1}}\right)$$
$$K_{max} = C_2 \left(1 + \frac{a}{\sqrt{t_2}}\right)$$
$$a = \frac{C_2 - C_1}{\dfrac{C_1}{\sqrt{t_1}} - \dfrac{C_2}{\sqrt{t_2}}}$$

Nach der Dissertation von Liebenow, Göttingen 1905, S. 7, Tab. I, ist die 20stündige Kapazität einer Zelle 80 Ah, wenn ihre einstündige 42,5 Ah beträgt, also ist:

$$a = \frac{80 - 42,5}{42,5 - \dfrac{80}{\sqrt{20}}} = 1,52.$$

Die **Maximal-Kapazität** $K_{max} = 42,5 (1 + 1,52) = $ **107 Ah** würde man dem Akkumulator entnehmen, falls man ihn mit unendlich kleinem Strome bis 0 Volt Spannung entladen könnte.

1. Beispiel: Die 3 stündige Kapazität betrage laut Bedienungsvorschrift 432 Ah. Dann ist die 20 stündige etwa 432 · 1,44 = 620 Ah.

2. Beispiel: Laut Bedienungsvorschrift betrage die 10 stündige Kapazität einer Batterie 1690 Ah. Dann ist

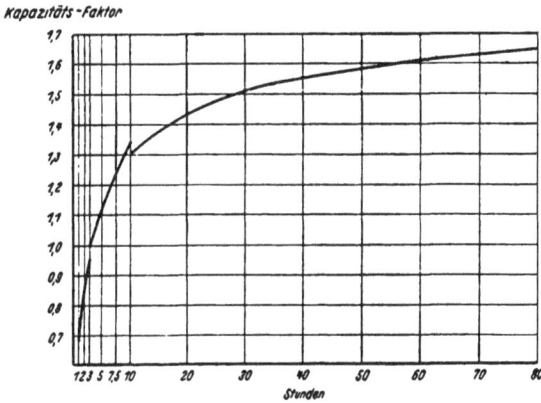

Abb. 19.

ihre Leistung, zunächst auf die 3 stündige umgerechnet: $\dfrac{1690}{1,34}$ Ah; folglich beträgt ihre 5 stündige etwa $\dfrac{1690}{1,34} \cdot 1,12$ = 1410 Ah.

Bei Entladung einer Batterie spielt aber auch die Säuretemperatur eine hervorragende Rolle.

Je wärmer die Säure, um so dünnflüssiger ist sie; ihr Eindringen in die Poren des aktiven Materials wird dadurch gefördert. Warme Säure kann infolgedessen viel rascher als kalte an die Stellen im Innern der Platten gelangen, wo Säuremangel infolge längerer Entladung besteht. Es tritt daher der gleiche Spannungsabfall bei warmer Säure später ein als bei kalter, wie die Messungen von Prof. Heim[1] zeigen (Abb. 20). Dies hat natürlich eine beträchtliche Steigerung der Kapazität zur Folge, wie die Messungen von Ch. Liagre[2]

[1] Elektrotechnische Zeitschrift 1901, Heft 39.
[2] L'Eclairage électrique, Bd. XXIX, 1901, S. 149.

an einer Zelle der Type d'Arsonval-Vaugeois, deren beide Elektroden nach Planté formiert waren, einwandfrei ergeben:

Temperatur:	16°	32°	40°	50° C
Stromstärke:	25	25	25	25 Amp.
Kapazität:	218	260	275	280 Ah.

Prof. Heim[1]) und Ch. Liagre[2]) haben für 1° C Temperaturerhöhung der Säure über 2%, die Akkumulatorenfabrik A.-G., Berlin-Hagen[3]) nicht über 1% und Dr. Liebenow etwa

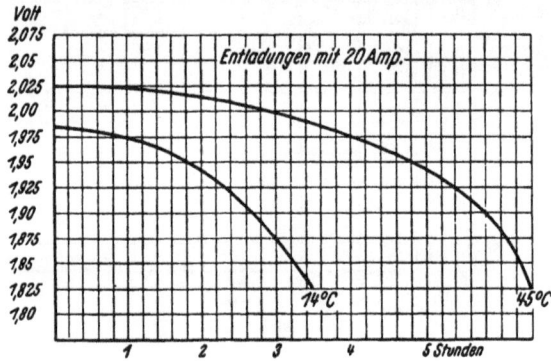

Abb. 20.

1% Kapazitätszunahme, bezogen auf die garantierte Leistung, gefunden. Letzterer sagt in seiner Dissertation[4]), welche die Abhängigkeit der Kapazität des Bleiakkumulators von der Stromstärke behandelt:

„Es entsprach die Zunahme der Kapazität für 1° C. Temperaturerhöhung etwa 1% der Kapazität bei 15° C."

Aus alledem geht hervor, daß man ohne weiteres für **1° C. Temperaturerhöhung der Säure** über eine bestimmte Normaltemperatur, z. B. 15° C, **1% Kapazitätszunahme** in Rechnung setzen kann. Weil nun die Kapazität von der Säuretemperatur abhängig ist, sollte bei Abnahmeversuchen dieser Umstand berücksichtigt werden.

---

[1]) Elektrotechnische Zeitschrift 1901, S. 815.
[2]) „ „ 1902, S. 51.
[3]) „ „ 1901, S. 815.
[4]) Göttingen 1905, S. 6.

Natürlich fällt bei einer Batterie mit warmer Säure die Dichte derselben bei Entladung bis zur zulässigen Spannungsgrenze viel stärker als bei einer solchen mit kaltem Elektrolyt, da ja infolge der stärkeren Sulfatbildung in den Platten auch mehr Säure verbraucht wird.

Unterbricht man die Entladung eines Akkumulators nach Entnahme eines gewissen Prozentsatzes der Kapazität und überläßt ihn der Ruhe, so diffundiert Säure in die Poren der Platten nach, in denen ja die Flüssigkeit infolge der Sulfatbildung an Säure arm geworden ist. In den Poren nimmt deshalb die Säuredichte zu und die Spannung des Akkumulators steigt.

Die Spannung kann deshalb im praktischen Betriebe, wo doch die Entladestromstärke sich fortgesetzt ändert oder sogar zeitweise auf Null gehalten wird und die Säuretemperatur meist schwankt, keinen Anhalt dafür geben, wieviel Amperestunden der Batterie entnommen sind. Genauen Aufschluß gibt nur ein sorgfältig geeichter Amperestundenzähler; weniger genau sind die Angaben 'des Säuremessers.

Nur dann bildet auch die Spannung ein genaues Maß für die entnommene Energie, wenn eine Entladung mit konstantem Strom ohne jede Unterbrechung vorgenommen wird, wie bei einer Kapazitätsprobe.

Keinesfalls darf aber die auf der Bedienungsvorschrift angegebene Endspannung pro Zelle wesentlich unterschritten werden. Nachstehende Tabelle, die dem Taschenbuch 1907 der Akkumulatorenfabrik A.-G., Berlin, entnommen ist, gestattet, die tiefste Entladespannung von Puffer- und Lichtbatterien zu berechnen:

Spannung pro Element in Volt

Element Nr.	Entladezeit in Stunden					
	JS		J			
	1	2	3	5	7½	10
1 bis 148	1,75	1,75	1,83	1,83	1,83	1,86
152 bis 280	1,70	1,75	1,80	1,83	1,83	—
288 bis 564	1,67	1,72	1,78	1,80	1,83	—

Direkt an den Polen gemessen und unter Berücksichtigung der Spannungsverluste in den Gruppenverbindungen ist demnach die tiefstzulässige Endspannung von

a) 60 Zellen JS 1 bis 148 bei 1- bis 2stündiger Entladung:
$$1,75 \cdot 60 = 105 \text{ Volt.}$$

b) 60 Zellen J 1 bis 148 bei 3- bis 10stündiger Entladung:
$$1,83 \cdot 60 = 110 \text{ Volt.}$$

Das Schaltbrett-Voltmeter, das ja fast immer unmittelbar an die Sammelschienen angelegt ist, wird meist infolge der unvermeidlichen Spannungsverluste, die in den Leitungen von Batterie nach Schaltbrett und in den Gruppenverbindungen auftreten, eine etwas niedrigere Spannung der Akkumulatoren als die tatsächliche anzeigen.

Bei Entladung geben die Holzbrettchen bleisulfatlösende Stoffe ab, die mit dem Strome nach den Positiven wandern und dort wahrscheinlich verbrannt werden, da sie nicht formierend auf diese wirken.

6. Elektrochemisches Mengenverhältnis und Wirkungsgrad einer Batterie.

Man unterscheidet:

a) ein elektrochemisches Mengenverhältnis in Amperestunden (Ah),

b) einen Wirkungsgrad in Kilowattstunden oder Wattstunden (kWh oder Wh).

Unter Mengenverhältnis versteht man das Verhältnis zweier Elektrizitätsmengen, und zwar zwischen entladenen und aufgeladenen Amperestunden (Ah).

Der Wirkungsgrad ist das Verhältnis zweier elektrischer Arbeiten, und zwar der entladenen Energie zur aufgeladenen, die man in Wattstunden (Wh) oder Kilowattstunden (kWh) ausdrückt. Also ist

a) das Mengenverhältnis $= \dfrac{\text{entladene Ah}}{\text{aufgeladene Ah}}$,

b) **der Wirkungsgrad** $= \dfrac{\text{entladene kWh}}{\text{aufgeladene kWh}}$.

Auf Grund von Messungen ist das **Mengenverhältnis** für **Lichtbatterien** zu **90%** festgestellt worden.

Da nun

$$\text{Wirkungsgrad} = \frac{\text{entladene Ah}}{\text{aufgeladene Ah}} \cdot \frac{\text{mittl. Entladespannung}}{\text{mittl. Ladespannung}}$$

und für Lichtbatterien

die **mittlere Entlade**spannung **1,96 Volt,**

die ,, **Lade**spannung **2,35 Volt**

ist, so dürfte der

$$\text{Wirkungsgrad} = 0{,}9\,\frac{1{,}96}{2{,}35} = 0{,}75,$$

also **75%** betragen.

Daß Wirkungsgrad und Mengenverhältnis k l e i n e r als 1 sind, ist erklärlich, denn

1. ist bei Ladung infolge der hohen Säuredichte in den Poren sowie außerdem noch wegen der außen an den Platten auftretenden Gasentwicklung eine Spannung erforderlich, die ganz wesentlich h ö h e r ist wie Ruhe- und Entladespannung des Akkumulators;

2. geht das Gas, welches gegen Schluß der Ladung außen an den Platten in die Höhe steigt, zu dessen Erzeugung aber elektrische Energie erforderlich ist, n u t z l o s in die Luft;

3. findet eine n u t z l o s e V e r l ä n g e r u n g d e r L a d e - d a u e r infolge von Ausgleichsströmen statt, die dadurch zustande kommen, daß Masseteilchen in der Nähe des Blei- trägers sich auf höherer Spannung befinden als solche an der ,,sichtbaren'' Oberfläche der Platten: die Säure in ihrem Innern ist wesentlich dichter als dort, wo sie mit der ,,freien'' Säure in Verbindung stehen;

4. treten W ä r m e v e r l u s t e durch Mischung sehr dichter mit dünner Säure auf (Verdünnungswärme). Bei Ladung z. B. quillt aus den Poren konzentrierte Säure in die dünne ,,freie'' Säure. Diesem Umstand ist in der Hauptsache die Er- wärmung der Säure zuzuschreiben. Ganz gering ist der noch hinzukommende Verlust durch Stromwärme, da der innere Widerstand des g e s u n d e n Akkumulators verschwindend klein ist.

Hieraus geht klar hervor, daß stets m e h r Amperestunden oder Wattstunden aufzuladen sind, als entnommen werden können. Durch Versuche der Akkumulatorenfabriken ist festgestellt worden, daß im Mittel der Wirkungsgrad bei ganz reiner Säure von 15° C Temperatur sowie Anwendung des in der Bedienungsvorschrift angegebenen Entladestroms und des höchstzulässigen Ladestroms beträgt:

1. bei Lichtbatterien:

bei 1 stündiger Entladung   = 0,70 bis 0,69

,, 2 ,,   ,,   = 0,72

,, 3- bis 10 stündiger Entladung = 0,75 bis 0,73

2. bei Pufferbatterien: 0,85,

falls die Gasentwicklung völlig vermieden wird.

Je größer die Platten sind, um so kleiner ist der Wirkungsgrad.

Man kann also bei Lichtbatterien nur 90% der aufgeladenen Amperestunden, bzw. 69 bis 75% der aufgeladenen Kilowattstunden wieder nutzbar entladen, oder man muß

a) in Amperestunden

$$\frac{100}{0,9} = 111\% \text{ aufladen, also } 11\% \text{ mehr,}$$

als man entnommen hat;

b) in Kilowattstunden bei 70%, 72% und 75% Wirkungsgrad

und 1 std. Entladung $\frac{100}{0,7} = 143\%$ aufladen, also 43%

,, 2 std.   ,, $\frac{100}{0,72} = 139\%$,,   ,, 39% $\Big\}$ mehr

,, 3- bis 10 std. ,, $\frac{100}{0,75} = 133\%$,,   ,, 33%

als entladen wurde.

Hat man demnach durch Amperestundenzähler festgestellt, daß 500 Ah der Batterie entnommen sind, so müssen $500 + 0,11 \cdot 500 = 555$ Ah wieder aufgeladen werden. Oder hat der Kilowattstundenzähler 10 kWh Entladung angezeigt bei Entnahme eines Stroms, der zwischen dem 3- und 10 stündigen liegt, so sind $10 + 0,33 \cdot 10 = 13,3$ kWh wieder aufzuladen, natürlich unter genauester Beobachtung der Gasentwicklung und Säuredichte gegen Schluß der Ladung, da die Zähler unter Umständen recht falsch gehen.

Sind doch die nach Gesetz zulässigen „Verkehrsfehlergrenzen"
wie folgt bestimmt:

Belastung:	$^1/_1$,	$^1/_2$,	$^1/_5$,	$^1/_{10}$
Fehler:	6,6	7,2	9	12% zu wenig oder zu viel.

Ferner wird man zweckmäßig, wenn es der Betrieb und
die Rücksicht auf die Rentabilität der Anlage zulassen, nicht
mit den auf der Bedienungsvorschrift angegebenen höchstzulässigen Strömen laden oder entladen, sondern, wenn irgend
angängig, mit wesentlich kleineren, da hierdurch ein höherer
Wirkungsgrad der Batterie erzielt wird. Es steigt nämlich
mit sinkendem Strome die mittlere Entladespannung und
fällt die mittlere Ladespannung.

Eine weitere kleine Steigerung läßt sich auch durch Aufstellung des Akkumulators in einem kühlen Raum erzielen.

Lade- und Entladestromstärke, Gasentwicklung
und Säuretemperatur beeinflussen Mengenverhältnis und
Wirkungsgrad, so daß
bei Lichtbatterien
  a) das Mengenverhältnis zwischen 90 bis 97%,
  b) der Wirkungsgrad zwischen 69 bis 85%,
bei Pufferbatterien
  a) das Mengenverhältnis zwischen 98 bis 99%,
  b) der Wirkungsgrad zwischen 83 bis 88%
schwankt.

7. Pufferbetrieb.

Die Ruhespannung einer Pufferzelle beträgt bei 1,20
Säuredichte 2,08 Volt. Für 1500 Volt Netzspannung sind daher
$\frac{1500}{2,08} = 721$ Zellen erforderlich[1]).

**Steigt oder fällt die Säuredichte um 0,01, so erhöht oder
erniedrigt sich die Ruhespannung pro Zelle um 0,01 Volt.**

So ist es auch erklärlich, daß bei lebhaftem Pufferbetrieb
die Ruhespannung der Batterie etwas fällt.

Ein Akkumulator kann nach Ladung bis zur Gasentwicklung nicht sofort im Pufferbetriebe Verwendung

---

[1]) Die Betriebsspannung der Wendelsteinbahn beträgt 1500 Volt
und wurde deshalb eine Pufferbatterie von 721 Zellen installiert.

finden, da sonst unzulässig hohe Spannungsschwankungen auftreten.

Sie rühren daher, daß die Negativen eine Überspannung
besitzen, die durch Entladung beseitigt werden muß. Diese
ist mindestens soweit durchzuführen, bis 10% der
garantierten Kapazität entnommen sind. Erst dann
ist ein Pufferbetrieb mit minimalen Spannungsschwankungen möglich.

**Mit 90 bis 25 % der garantierten Kapazität puffert jede
gesunde Batterie tadellos.**

Unter 25 bis 20% der garantierten Kapazität ist wiederum
ein Pufferbetrieb mit geringer Änderung der Batteriespannung

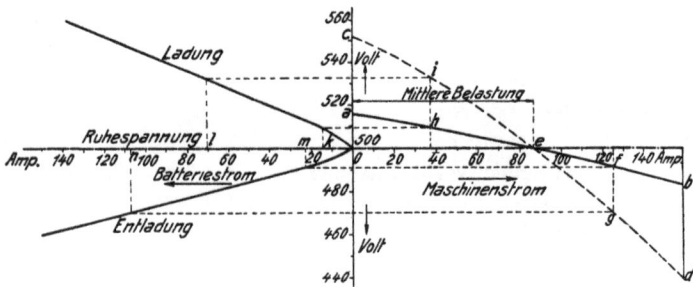

Abb. 21.

unmöglich, weil der innere Widerstand der Platten sich
bereits durch schlecht leitendes Sulfat zu stark vergrößert hat.

Pufferbatterien sind ferner stets in gleichem Ladezustande zu halten, d. h. es müssen die entnommenen Amperestunden immer durch eine entsprechende Ladung sofort
wieder ersetzt werden. Lädt man aber mehr als nötig, so tritt
allmählich Gasentwicklung auf, und die Batterie puffert infolgedessen schlecht. Sie muß dann aus den oben angeführten
Gründen erst eine Weile entladen werden, ehe sie wieder in
gewünschter Weise arbeitet.

Durch Säureerwärmung steigt die Pufferfähig-
keit einer Batterie, da dann der Säuretransport aus den
Platten bei Ladung und in die Platten bei Entladung viel
leichter und rascher vor sich geht als bei kaltem Elektrolyt.

Im Pufferbetriebe darf der Akkumulator bei mittlerer Belastung weder geladen noch entladen werden. Bei Überlastung soll er die Maschinen automatisch unterstützen, bei Entlastung dagegen die überschüssige Energie aufnehmen. Die Spannung moderner Zentralen-Maschinen fällt aber mit zunehmender Belastung außerordentlich wenig ab (Abb. 21, Kurve a, h, e, f, b), so daß bei Überlastung die Batterie nur mit dem kleinen Strome o, m entladen, bei Entlastung mit dem ebenfalls sehr kleinen Strome o, k geladen wird: der Akkumulator greift also einerseits nicht kräftig genug ein, anderseits empfängt er zu wenig Ladung. Verläuft aber die Spannungscharakteristik stark abfallend, etwa nach Kurve c, i, e, g, d, so springt er bei Überlastung mit dem kräftigen Strome o, n ein und wird bei Entlastung mit dem starken Strome o, l geladen. Damit nun der Akkumulator selbsttätig dem jeweiligen Energiebedarf entsprechend zur Entladung kommt und auch wieder entsprechend aufgeladen wird — er soll sich ja immer in nahezu gleichem Ladezustand befinden —, so muß eine Zusatzmaschine angeordnet werden, die in dem Augenblicke, wo der Akkumulator unterstützend einspringen soll, die Batteriespannung um maximal bd erhöht, bei Maschinenentlastung dagegen die Netzspannung maximal um ac vergrößert (Abb. 21). Diese Zusatzmaschine besitzt eine besondere Erregermaschine (Abb. 22) mit zwei Feldwicklungen ab (von der Batteriespannung beeinflußt) und cd (vom Netzstrom beeinflußt), die sich bei mittlerer Netzbelastung in ihrer magnetischen Wirkung gegenseitig aufheben, so daß also die Erregermaschine spannungslos ist. Demzufolge erhält die Feldwicklung ef der Zusatzmaschine keinen Strom: sie ist also gleichfalls spannungslos, so daß die Ruhespannung der Batterie gleich der Netzspannung ist, — ihr Strom ist o. Steigt jedoch die Netzbelastung über das Mittel, so ist das Kraftlinienfeld der Wicklung cd höher als das von ab. Die Erregermaschine entwickelt also Spannung und sendet durch die Wicklung ef Strom in einer solchen Richtung, daß die Spannung der Zusatzmaschine sich zur Akkumulatorspannung addiert. Die Batterie gelangt aufs Netz zur Entladung. Sinkt aber die Netzbelastung unter das Mittel, so überwiegt Wicklung ab. Die Polarität der Erregermaschine

kehrt sich um, die Feldwicklung *e f* erhält Strom in umgekehrter
Richtung, und die Zusatzmaschinenspannung addiert sich
zur Netzspannung: die Batterie wird geladen. Lade- und
Entladestrom sind natürlich um so höher, je mehr Kraftlinien
die überwiegende Feldwicklung durch den Anker der Erregermaschine sendet.

Mit Hilfe der Regulierwiderstände R und r kann erreicht
werden, daß die Generatoren in der Zentrale nebst ihren

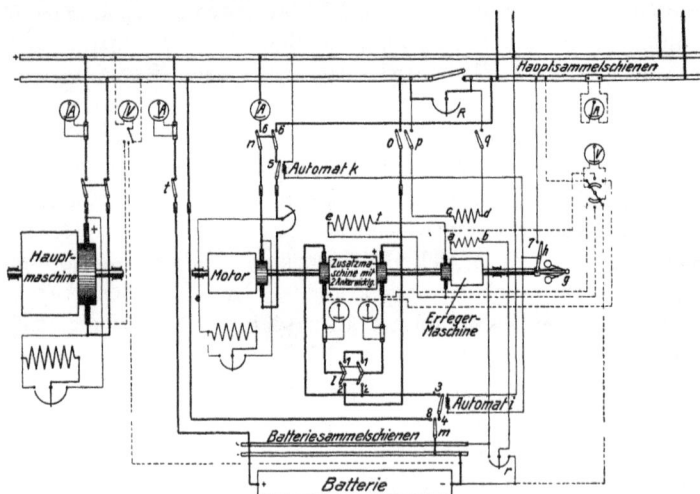

Abb. 22.

Antriebsmotoren stets gleichstark belastet sind und die
Netzspannung auch bei starken Belastungsschwankungen sich
nur wenig ändert.

Zur Erläuterung der Schaltung Abb. 22 diene noch
folgendes:

Der Schalter *l* ist angeordnet, um die beiden Ankerwicklungen der Zusatzmaschine bei Stellung 1 hintereinander,
bei Stellung 2 parallel zu schalten, damit bei gewöhnlicher
Aufladung der Batterie — also nicht im Pufferbetriebe —
zunächst mit maximaler Stromstärke (Schalter *l*, Stel-

lung 2—2) bis zum Beginn der Gasentwicklung, hierauf aber bei Stellung 1—1 mit halber Stromstärke und höherer Spannung geladen werden kann.

Im Pufferbetriebe steht Schalter *l* auf 2—2, Schalter *m* auf Kontakt 4, Automat *i* auf Kontakt 3 und Automat *k* auf Kontakt 5, Schalter *n* auf Kontakt 6; die Schalter *o p q t* sind geschlossen. Tritt im Netze Kurzschluß ein, so schaltet der Maximalautomat den Generator vom Netze ab. Der Motor dreht das Zusatzaggregat nicht mehr, so daß dieses von der Batterie als Motor mit viel höherer Spannung als auf dem Leistungsschilde vermerkt angetrieben wird. Es kehrt zunächst seine Drehrichtung um, weil die Stromrichtung in Anker und Feld die gleiche bleibt wie vorher, als das Aggregat noch als Generator arbeitete. Seine Tourenzahl kann dann eine die Kollektoren und Ankerwicklungen gefährdende Höhe annehmen. Um das zu verhindern, ist der Zentrifugalregulator *g* angeordnet, der bei unzulässiger Steigerung der Tourenzahl den Schalter *h* nach Kontakt 7 umlegt. Dann trennen die Automaten *i* und *k* Pufferaggregat und Motor vom Netz.

Die beschriebene Schaltung ist die sogenannte Piranischaltung. Diese genügt für Bahnbetriebe vollständig, wie langjährige Erfahrungen gezeigt haben. Man kann an das Kraftnetz sogar die Beleuchtung von Werkstätten und Bureaux mit anschließen, wenn nicht hohe Anforderungen an die Gleichmäßigkeit des Lichtes gestellt werden.

Sonst ist es nötig, eine verbesserte Piranischaltung, nämlich die **Lancashireschaltung**[1]), zur Anwendung zu bringen. Das Diagramm (Abb. 23), das von der Akkumulatorenfabrik A.-G., Berlin, mit selbstregistrierenden Instrumenten aufgenommen wurde, zeigt deutlich, daß bei Lancashireschaltung trotz starken Auf- und Niederwogens der Energie im Kraftnetze die Netzspannung praktisch konstant ist. Die Dynamomaschinen des Pufferaggregats sind natürlich wegen der rasch vor sich gehenden Belastungsänderungen mit lamellierten Magneten und Wendepolen versehen; im Betriebe ist an den Kollektoren nicht die geringste Funkenbildung zu bemerken.

---

[1]) Elektrician 1909, S. 418—420.

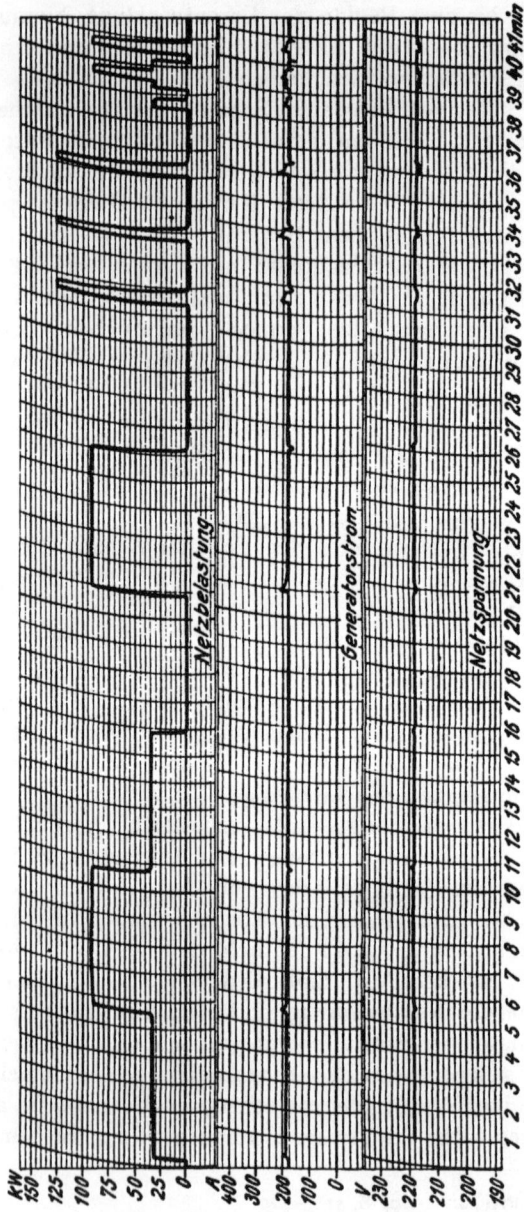

Abb. 23.

8. Isolationszustand einer Batterie.

In den Errichtungsvorschriften des V.D.E. wird eine bestimmte Isolationsgröße für Sammler nicht gefordert, weil z. Z. allgemeingiltige Grenzwerte nicht festgestellt sind.

Der Isolationszustand wird bei einer neuen Batterie hoch sein; er verschlechtert sich aber im Laufe der Jahre mehr und mehr, da die Holzbalken infolge des Säuredunstes bei Ladung und durch verschüttete Flüssigkeit leitend werden, ferner die Glasisolatoren sowie etwa an der Wand verlegte Batterieleitungen sich mit einer säurehaltigen, ebenfalls leitenden Staubschicht überziehen, falls sie nicht öfters von Staub

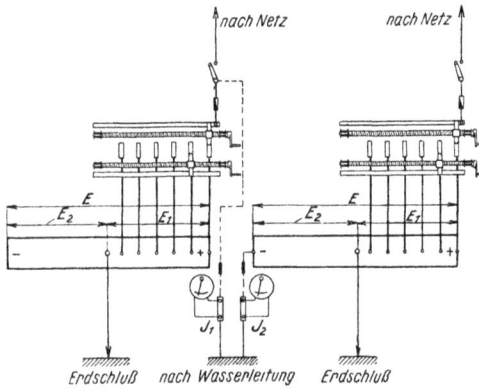

Abb. 24.

gereinigt und gehörig durch Abreiben getrocknet werden. Der Akkumulatorenstrom kann durch diese leitenden Teile zur Erde abfließen.

Eine sehr einfache Methode, den Isolationszustand zu bestimmen, ist folgende:

Man schaltet die Batterie vollständig vom Netze ab und legt unter Vorschaltung einer Sicherung (wegen möglichen Kurzschlusses) ein Präzisionsamperemeter an den Pluspol (Abb. 24), das man erdet. Dies zeigt dann einen Strom J_1 an, da der Stromkreis infolge der Erdschlußstelle geschlossen ist. Sind die Teilspannungen bis zur Fehlerstelle E_1, resp. E_2 und ist die Batteriespannung E, so ergibt sich, falls R_i den Isolationswiderstand bedeutet:

$$E_1 = R_i \cdot J_1 \text{ Volt.}$$

3*

Legt man dann das Instrument, wie Abb. 24 zeigt, an den Minuspol, so ist:

$$E_2 = R_i \cdot J_2 \text{ Volt.}$$

Da nun $E_1 + E_2 = E$ ist, so ergibt sich:

$$R_i = \frac{E}{J_1 + J_2} \text{ Ohm.}$$

Diese Gleichung gilt auch dann, wenn die Batterie beliebig viele Erdschlußstellen besitzt, wie von Dr. Liebenow bewiesen[1]).

Verf. bestimmte den Isolationswiderstand einer Batterie von 246 Volt Spannung, deren teilweise nasses, 20 Jahre altes Holzgestell niemals vom Staub gereinigt und trocken gerieben worden war, zu

$$R_i = \frac{246}{0,234 + 0,316} = 447 \text{ Ohm}[2]).$$

Die Messung wurde nach jedesmaliger Einschaltung einer anderen Zellenschalterleitung wiederholt und ergab jedesmal den gleichen Wert: ein Zeichen, daß die Erdschlußstelle nicht in diesen zu suchen war, sondern entweder im Holzgestelle oder in den zum Teil an der Wand verlegten Verbindungsleitungen der einzelnen Elementreihen.

(Aufsuchen der Erdschlußstelle siehe II. Kap., Abs. 6.)

Jede Erdschlußstelle einer Batterie hat zur Folge, daß man einen Schlag erhält, wenn man nicht auf trockenem Holz- oder Steinfußboden, resp. auf dem von der Fabrik gelieferten wohlisolierten Laufboden steht, weil man die Stelle des Amperemeters in Abb. 24 einnimmt.

Neuerdings sind in Bahnanlagen u. dgl. Hochspannungsbatterien installiert worden, bei denen wegen der zu befürchtenden Erdschlüsse der Gestelle und der damit für das Personal verbundenen Lebensgefahr ganz besondere Vorsichtsmaßregeln getroffen worden sind. Abb. 25 zeigt, daß außer hochwertiger Isolierung der Elementgestelle und Laufstege jede

---

[1]) Elektrotechnische Zeitschrift 1899, S. 360.
[2]) Gut gewartete Batterien haben einen wesentlich höheren Isolations-Widerstand.

Berührung der Wände durch isolierte Holzzäune unmöglich gemacht ist. Etwa vorhandene Säulen, Fensterrahmen, eiserne

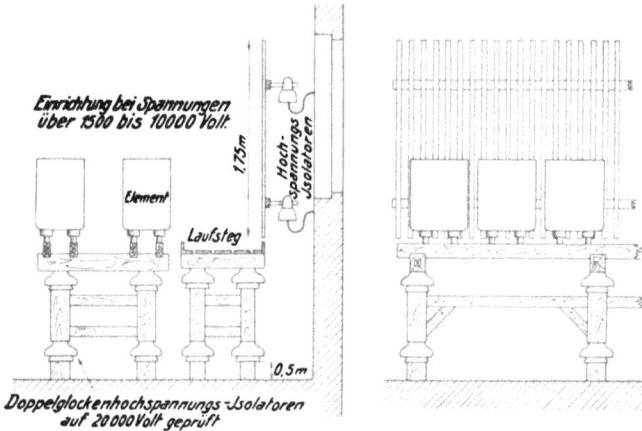

Abb. 25.

Abb. 26.

Treppen müssen den gleichen Schutz erhalten, falls sie von der Laufbühne aus berührt werden können.

Abb. 26 zeigt die Isolierung der Hochspannungsbatterie der Wendelsteinbahn, die bei 1500 Volt Betriebsspannung aus 721 Elementen JS_1 besteht und eine Stunde lang 100 Amp. zu liefern imstande ist.

Die gesamten Sicherheitsmaßnahmen wurden von der Akkumulatorenfabrik A.-G., Berlin, erdacht und mit Erfolg ausgeführt.

I. Kapitel.

A. Entstehung einer wirklichen Krankheit des Akkumulators

1. infolge zu geringer Ladung.

1. Fall. Um erhebliche Spannungsschwankungen im Netze zu vermeiden, verwendet man in Betrieben mit sehr veränderlicher Belastung, wie in Förderanlagen, Walzwerken, Elektrizitätswerken, vielfach Pufferbatterien.

Jede derartige Batterie wird nach Volladung bis zur lebhaften Gasentwicklung, aber vor Beginn des eigentlichen Pufferbetriebes, um ca. 10% ihrer Kapazität entladen, damit ihre eigenen Spannungsschwankungen möglichst gering ausfallen. Infolge dieser Maßnahme bildet sich im Innern der Masse der Negativen fein verteiltes Bleisulfat, während die Positiven davon einen dünnen Überzug erhalten. Das Sulfat kristallisiert, wohl infolge Temperaturschwankungen der Säure, die in der Hauptsache durch Änderung der Säuredichte beim Puffern hervorgerufen werden. Die kleinsten der so entstandenen Kristalle lösen sich bei Wärmezunahme — bei 1,18 bis 1,20 Säuredichte allerdings sehr langsam —, um sich bei Abkühlung der Säure während der Betriebspausen auf den nicht gelösten größeren niederzuschlagen, die infolgedessen wachsen.

Wenn nun erst nach wochenlangem Pufferbetrieb bis zur lebhaften Gasentwicklung an beiden Plattensorten geladen wird, so bleiben die größten Sulfatkristalle in beiden Plattensorten bestehen. (Grund siehe Kap. III, Abschn. A 3.) Da nun nach jeder Ladung bis zur vollen Gasentwicklung 10% der Kapazität entnommen werden, so vermehren

sich die großen Sulfatkristalle im Laufe der Zeit, und die
+ Platten erhalten eine harte, isolierende Sulfatkruste, die
sich infolge der Kristalle sandig anfühlt und wegen ihrer engen
Poren das Eindringen der Säure in die Masse erschwert.

Positive wie Negative erleiden einen ganz allmählich fortschreitenden Kapazitätsverlust.

Da bei Vorhandensein von Brettcheneinbau dem
Ladestrom die Lösung großer Bleisulfatkristalle und damit
deren Umwandlung zu Bleischwamm viel leichter gelingt als
ohne solchen, so weisen Batterien mit derartigen Scheide-
wänden zwischen den Platten meist nur einen Kapazitätsrückgang der Positiven auf, der sich aber verhältnismäßig
leicht durch zweckentsprechende Ladungen beseitigen läßt.

2. Fall. Auch Lichtbatterien, die von einer zu kleinen
Zusatzmaschine geladen werden, sind unter Umständen starker Sulfatierung ausgesetzt, wie folgendes Beispiel zeigt:

In einer Fabrik mit zehnstündigem Betriebe wurde an
Stelle einer Batterie von 216 Ah Kapazität und 72 Amp.
höchstzulässigem Ladestrom eine solche von 648 Ah Fas-
sungsvermögen und 216 Amp. Maximalladestrom installiert,
jedoch unter Beibehaltung der 75-Amp.-Zusatzmaschine.

Dem Akkumulator wurde bei Tage überhaupt nichts entnommen, um seinen gesamten Inhalt an elektrischer Energie
im Falle eines Maschinendefektes zur Verfügung zu haben;
nachts wurden 25% seiner Kapazität zu Beleuchtungszwecken
verwendet.

Obwohl nun die Dynamomaschine imstande war, während
der Ladeperiode ohne weiteres 180 Amp. herzugeben, gestattete
die zu kleine Zusatzmaschine nur, dem Akkumulator 75 Amp.
zuzuführen. Dies konnte aber nur so lange geschehen, bis
gerade die Negativen lebhaft gasten; dann mußte der
Hauptgenerator wieder mit Vollast aufs Netz arbeiten.

Weil nun Gasentwicklung eintrat, so glaubte das
Bedienungspersonal, der Akkumulator sei genügend geladen.
Tatsächlich gelangten aber die positiven Platten überhaupt
nicht zur Gasentwicklung.

Es wurde also nicht alles durch Entladung gebildete
Sulfat in der Masse der + Platten beseitigt; das übrigblei-
bende kristallisierte; die größten Kristalle beseitigte der

Ladestrom nicht, so daß also durch neue Entladungen eine ständige Vermehrung derselben stattfand. Infolgedessen trat allmählich ein Kapazitätsrückgang der Positiven ein.

3. Fall. Jedes Elektrizitätswerk ist bestrebt, seine Maschinen möglichst voll zu belasten, um einen guten Wirkungsgrad der Anlage zu erzielen. Ein und derselbe Generator muß daher zu Zeiten schwacher Belastung nicht nur das

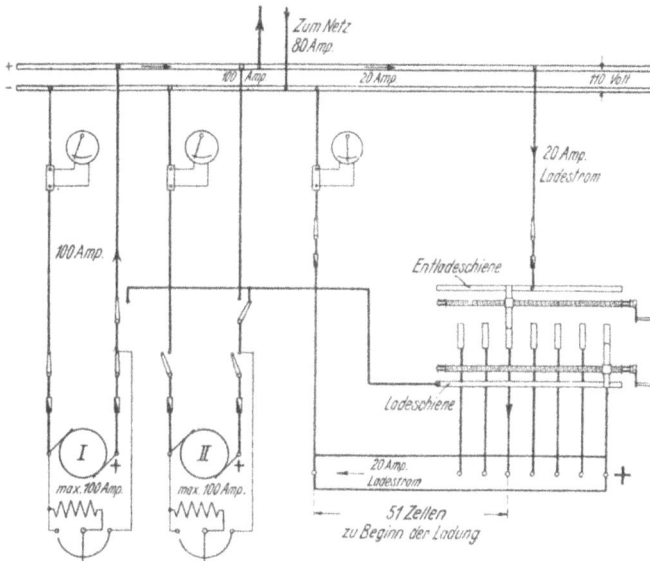

Abb. 27.

Netz, sondern auch den Akkumulator zwecks Ladung speisen. Diese kann nun:

a) durch den Ladehebel unter Zuhilfenahme der Zusatzmaschine,

b) durch den Entladehebel bei parallelgeschaltetem Netz erfolgen (Abb. 27).

Obwohl nur Methode a zulässig ist, wird doch auch bei Fehlen einer Zusatzmaschine das Verfahren b häufig angewendet, um nicht eine weitere Maschine, in diesem Falle Generator II, für den Ladebetrieb einstellen zu müssen. Welche Nachteile dies mit sich bringt, soll an einem Beispiel gezeigt werden:

Es sei einer 110-Volt-Batterie mit 10 stündigem Strom die garantierte Kapazität entnommen worden. Dann hat unter Zugrundelegung der Entladecharakteristik ABC, Abb. 28, die Beanspruchung der Zellenschalterelemente

Nr.	6	5	4	3	2	1
ungefähr	100%,	95%,	50%,	22%,	9,5%,	1,5%

betragen.

Bei der darauf folgenden Ladung durch den Entlade-hebel darf die Gegenspannung der Batterie nicht höher als die Netzspannung steigen.

Ist nun ein Pendeln derselben zwischen 109 bis 111 Volt gestattet, so sind zu Beginn $\frac{109}{2,13} = 51$ Zellen einzuschalten, falls die Ladecharakteristik nach Abb. 16 verläuft. Nun muß die Abschaltung eines Elements erfolgen, wenn die Spannung der Zelle den Wert $\frac{111}{51} = 2,18$ Volt (Abschaltspannung) erreicht hat. Sucht man diesen Wert in Abb. 16 auf, so liest man eine Ladedauer der Zelle Nr. 9 von 50 Minuten ab. Auf Grund dieser Überlegungen ergibt sich die folgende Tabelle:

Zellen-Nummer	Abschaltspannung in Volt	Ladedauer in Min.
1 bis 8	—	0
9	2,18	50
10	2,23	105
11	2,27	140
12	2,32	175
13	2,37	197
14	2,42	206
15	2,48	216
16	2,54	223
17	2,60	228
18	2,66	235
19	2,72	241
20 bis 60	2,78	250

Nach 10 stündiger Entladung muß aber einer Batterie, laut Abb. 16, 270 Minuten lang elektrische Energie bei vorschriftsmäßigem konstanten Strome zugeführt werden. Um also wenigstens die Stammbatteriezellen Nr. 20 bis 60 vollzuladen, ist es nötig, noch 20 Minuten durch den Ladehebel

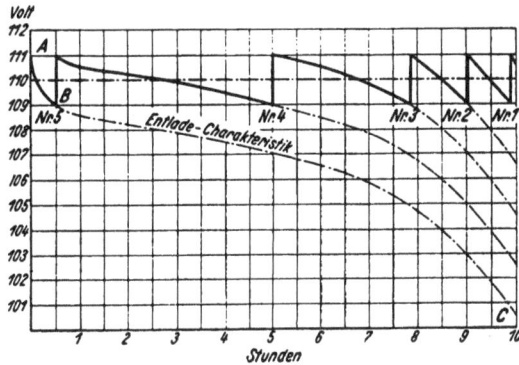

Abb. 28.

nachzuladen. Für den Fall nun, daß hierbei sämtliche Zellen eingeschaltet werden, sind unter Benutzung der vor-

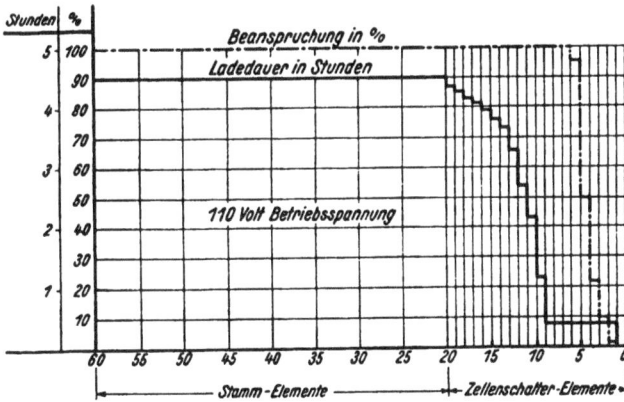

Abb. 29.

stehenden beiden Tabellen in Diagramm Abb. 29 die Beanspruchung und Ladezeit der einzelnen Elemente eingetragen.

Aus demselben erkennt man, daß die Zellen Nr. 4 bis 12 zwar sehr stark beansprucht, aber nur ganz wenig geladen werden.

Findet nun keine ordentliche Nachladung obiger Elemente statt, dagegen weiterhin die unzulässige Ladung durch den Entladehebel, so werden sie schließlich spannungslos und polen um. (Siehe Fall 14.)

Die Masse der Negativen erfährt dann infolge der überreichlichen Sulfatbildung meist eine so starke Zunahme ihres Volumens, daß sie teilweise ausläuft; bei den Positiven dagegen macht sich ein scharfes Krümmen des Masseträgers bemerkbar, gleichfalls infolge der starken, aber ungleichmäßig vor sich gehenden Bildung schwefelsauren Bleies.

Die Platten stehen in außerordentlich dünner Säure, da der größte Teil der im Elektrolyten enthaltenen konzentrierten Säure zur Sulfatbildung verbraucht wurde. Die Löslichkeit des Bleisulfats ist aber in Säure, die ein wesentlich niedrigeres oder höheres spez. Gewicht als 1,10 bis 1,20 hat, sehr hoch. Infolgedessen können sich bei Temperaturschwankungen der Säure Sulfatkristalle rasch vergrößern. Während in den Fällen 1 und 2 immerhin längere Zeit dazu gehört, damit sich schwer lösliche Kristalle bilden, so genügen hier unter Umständen wenige Tage.

Alle die genannten Umstände führen einen schnellen und beträchtlichen Kapazitätsverlust beider Plattensorten in den betreffenden Elementen herbei.

Jede Akkumulatorenfabrik verbietet daher mit Recht auf der Bedienungsvorschrift das „Laden bei Parallelbetrieb".

Derartige unsachgemäße Ladungen kommen durchaus nicht selten vor. Eine Ersparnis im Betriebe wird hierdurch sicherlich nicht erzielt, da in kurzer Zeit eine Anzahl Zellen auf Kosten des Besitzers erneuert werden müssen.

Bei 220-Volt-Anlagen sind besonders die Zellen Nr. 8 bis 24 gefährdet.

4. Fall. Aber auch ein möglichst hoher Wirkungsgrad des Akkumulators wird angestrebt, und zwar mit Hilfe der „amerikanischen Lademethode". Danach lädt man zweimal hintereinander die Batterie mit soviel Amperestunden, als man herausgenommen hat (Ladung ohne Gasentwicklung); das dritte Mal erfolgt eine Mehrladung, indem man 111%

der herausgenommenen Amperestunden auflädt (Ladung mit Gasentwicklung).

Ist A die einem Sammler entzogene Amperestundenzahl, $E_1 = 1{,}96$ Volt die mittlere Entladespannung, $E_2 = 2{,}275$ Volt die mittlere Ladespannung ohne Gasentwicklung, $E_3 = 2{,}35$ Volt diejenige bei Gasentwicklung, so ist der Wirkungsgrad aus allen drei Ladungen:

$$\eta = \frac{3\,A\,E_1}{2\,A\cdot E_2 + 1{,}11\,A\cdot E_3} = \frac{3\,E_1}{2\,E_2 + 1{,}11\,E_3}$$

$$= \frac{3\cdot 196}{2\cdot 2{,}275 + 1{,}11\cdot 2{,}35} = 0{,}825,$$

also im günstigsten Falle 82% statt höchstens 75% bei Ladung mit jedesmaliger Gasentwicklung.

Der Jahreswirkungsgrad ist jedoch nicht so hoch: er beträgt im günstigsten Falle nur 78%, da eine Erkrankung der Batterie und demnach umfangreiche Nachladungen unvermeidlich sind, die evtl. Betriebsstörungen nach sich ziehen.

Während der beiden Ladungen ohne Gasentwicklung wird nämlich nicht alles Sulfat in aktive Masse umgewandelt, da ja nur soviel Amperestunden aufgeladen werden, als entnommen sind. Infolge unvermeidlicher Temperaturschwankungen der Säure bilden sich Sulfatkristalle, die um so größer und unlöslicher werden, je längere Pausen zwischen den einzelnen Ladungen liegen. Durch die jedesmalige dritte Ladung mit Gasentwicklung kann nur ein Teil dieser Kristalle in aktive Masse umgewandelt werden, so daß die Kapazität des Akkumulators allmählich zurückgeht.

5. Fall. In einer Anlage von 224 Volt Netzspannung sind statt 124 Zellen nur 120 installiert, weil man die Betriebsspannung im Laufe der Zeit zwecks Deckung der Spannungsverluste erhöht hatte. Die Stammbatterie besteht aus 80 Zellen, die gegen Schluß der Ladung $80\cdot 2{,}75 = 220$ Volt Spannung aufweisen. Um nun die Netzspannung aufrechtzuerhalten, begeht dann zuweilen das Personal den Fehler, Zellen mit dem Entladehebel zuzuschalten (Abb. 30), ohne zu bedenken, daß dann die Elemente zwischen Lade- und Entladehebel während der Ladung der übrigen Batterie zur Entladung kommen. Werden nun dem Akkumulator im Betriebe z. B.

70 bis 90 % seiner Kapazität entnommen, so sinkt die Spannung der bereits entladenen Zellenschalterelemente so bedeutend unter die tiefstzulässige, daß evtl. ein Auslaufen
der Masse der Ne-
gativen auftritt.

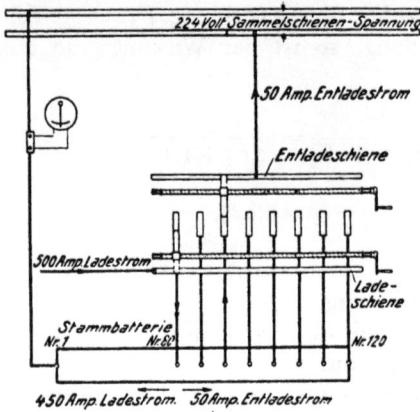

Abb. 30.

Bei öfterer Wie-
derholung des be-
schriebenen Vorganges
muß die Kapazität
dieser Elemente her-
untergehen, die Posi-
tiven werden immer
stärker beansprucht,
und der allmähliche
Untergang der Plat-
ten ist unausbleib-
lich.

6. Fall. Zu viel
anzeigende Voltmeter,
Amperemeter und Zähler sind häufig die Ursache zu geringer
Ladung, falls das Personal entgegen der Bedienungsvorschrift nur den Instrumenten Beachtung schenkt, nicht
aber der allein maßgebenden Gasentwicklung und Säuredichte gegen Schluß der Ladung. Es tritt gleichfalls starke
Sulfatierung der Positiven, evtl. auch der Negativen, mit
all den erwähnten Nachteilen auf.

2. infolge Überladung, Ladung mit zu starkem Strome, mehrmaligen Ladens an demselben Tage bis zur vollen Gasentwicklung.

7. Fall. Ebenso häufig wie zu geringe Ladung kann man
Überladung der Stammbatterie feststellen. Unter Überladung versteht man das unzulässig lange Laden.

Schon vom wirtschaftlichen Standpunkte aus betrachtet
empfiehlt es sich nicht, einer Batterie mehr elektrische Energie
zum Zwecke der Ladung zuzuführen, als unbedingt nötig.

Es seien z. B. von 126 Zellen einer völlig geladenen
Batterie noch 105 Elemente auf Ladung geschaltet. Ihre

Kapazität betrage 10000 Ah, ihr höchstzulässiger Ladestrom 3330 Amp. Dann werden zu Beginn der Ladung
$2,2 \cdot 3300 \cdot 126 = 915000$ Watt verbraucht. Arbeitet nun der
Elektrizitätserzeuger während der ganzen Ladung mit gleichmäßiger Belastung, so beträgt der Ladestrom am Schluß
der Ladung $\dfrac{915000}{2,75 \cdot 105} = 3170$ Amp. Wird nun z. B. an 200
Tagen nur 5 Minuten $= {}^1/_{12}$ Stunde zu lange geladen, so
ergibt dies pro Jahr, falls die Selbstkosten der Kilowattstunde
0,1 M. betragen, einen unnötigen Geldverlust von

$$\frac{0,1 \cdot 3170 \cdot 2,75 \cdot 105 \cdot 200}{1000 \cdot 12} = 1530 \text{ M.,}$$

ganz abgesehen von dem Schaden, welcher den positiven
Platten durch unnötig lange Gasentwicklung zugefügt wird.
Die Masse wird in größerer Menge abgerissen, als wenn nur
so lange geladen wird, wie unbedingt erforderlich. Es wird
auch die Reinigung der Batterie vom Schlamm infolgedessen
früher als unter normalen Verhältnissen nötig.

Solche schädliche Überladungen finden vielfach in solchen
Anlagen statt, wo während des ganzen Tages vom Überschuß
an elektrischer Energie ohne jede Aufsicht und Registrierung geladen wird.

8. Fall. Häufig treten auch Überladungen infolge falsch-
gehender Zähler auf.

Falls ein Entlade- und ein Ladezähler vorhanden sind,
will man mit Recht möglichst knapp, also nach „Wirkungsgrad" laden, hält es dann aber vielfach für vollständig überflüssig, die Gasentwicklung der Positiven und Negativen am Schlusse der Ladung zu beobachten. Zeigt z. B.
der Entladezähler 75 kWh an, so wird dem Akkumulator
so lange Energie zugeführt, bis man am Ladezähler $\dfrac{75}{0,75}$
$= 100$ kWh abliest. Gibt nun aber zufälligerweise der Entladezähler 6% zu viel an, während der Ladezähler richtig geht,
so war die wirkliche Batterieentladung nur $75 - 0,06 \cdot 75$
$= 70,5$ kWh. Demzufolge durften nur $\dfrac{70,5}{0,75} = 94$ kWh dem
Akkumulator zugeführt werden. Es findet also eine nicht

unbeträchtliche Überladung um 6 kWh statt, die natürlich
auf die Dauer die Batterie schädigt.

9. Fall. Durch zu wenig anzeigende Voltmeter, Amperemeter und Ladezähler können gleichfalls starke Überladungen
hervorgerufen werden, wenn das Bedienungspersonal die Gasentwicklung nicht genügend beobachtet und sich
hauptsächlich nach den Instrumenten an der Schalttafel
richtet.

10. Fall. Es gibt Anlagen mit Dreileitersystem, wo die
Batterie Spannungsteiler ist und nur die Möglichkeit besteht,
beide Batteriehälften in Hintereinanderschaltung zu
laden. Der Installateur hat aus Sparsamkeitsrücksichten die
Maschinen nicht mit Spannungsteilern versehen.

Wird dann der einen Batterieseite mehr Energie entnommen als der anderen, so muß die weniger entladene Batteriehälfte jedesmal überladen werden, um die stärker entladene
gehörig nachzuladen. Falls nun solche Überladungen recht
oft nötig sind, so ist eine schwere Schädigung der Batterie
unvermeidlich.

11. Fall. Häufig benutzt man in elektrischen Anlagen
zum Andrehen der Explosionsmotoren den mit ihnen ge-
kuppelten Gleichstromerzeuger als Motor, dem während
der Anlaßperiode Energie aus einer Akkumulatorenbatterie
zugeführt wird.

Um den Anlasser zu sparen und die Stammelemente zu
schonen, verwendet man nicht die gesamte Batterie, sondern
nur 7 bis 9 Zuschaltzellen, und zwar häufig solche, die gleich
auf die Stammzellen folgen. Wie aber Abb. 29 zeigt, sind
gerade diese Elemente, z. B. Nr. 20 bis 12, so stark beansprucht wie die Stammbatterie. Sie werden also beim Anlassen des Gasmotors tiefer entladen als diese. Bei gewissenhafter Wartung lädt man dann Nr. 12 bis 20 bis zur vollen
Gasentwicklung wieder auf; hierbei wird aber die Stammbatterie überladen.

12. Fall. Ferner kann bei Zellenschalterelementen, die
zwischen Lade- und Entladehebel liegen, trotz richtig-
gehender Amperemeter ebenfalls ein Laden mit zu starkem
Strom auftreten, wenn während der Ladung durch den Entladehebel bei Fehlen einer Zusatzmaschine Energie an das

Netz abgegeben wird. Die Stromverteilung in diesem Falle
zeigt Abb. 31.

Man erkennt, daß in dem angenommenen Falle die Stammbatterie den höchstzulässigen Strom J_{max} erhält, während die
schraffierten Zellen-
schalterelemente den
Strom $J_{max} + J_1$ führen, wenn J_1 der
Strom ist, der ins Netz
geht.

Solange nun die
Stromlieferung J_1 an
das Netz von der Ma-
schine aus durch die
Zellen zwischen Lade-
und Entladehebel in
mäßigen Grenzen ge-
schieht, schadet es den
Zellen nichts. Vielfach
will man aber aus
ganz falsch angebrach-
ter Sparsamkeit eine

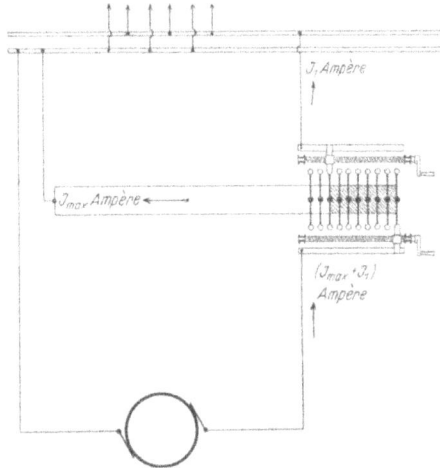

Abb. 31.

weitere Maschine bei steigender Netzbelastung nicht anlassen
und entnimmt dann eine so hohe Energiemenge durch den
Entladehebel für das Netz, daß die fraglichen Zellen einen viel
zu starken Ladestrom erhalten, der so heftige Gasentwicklung zur Folge hat, daß die weiche Masse der Positiven her-
untergespült wird: die Lebensdauer der Positiven sinkt.

Deshalb steht auch in solchen Elementen der Schlamm
meist höher wie in den Stammzellen; ja es kann sogar
bei mangelhafter Wartung vorkommen, daß die fraglichen
Zellen nur noch wenig oder gar nicht gasen, weil die Positiven
den Schlamm berühren. Die Negativen zeigen auf ihrem
Rücken grau aussehende Schlammablagerung.

13. Fall. In vielen Anlagen wacht man ängstlich darüber,
daß sich der Akkumulator stets in vollgeladenem Zustande
befindet, um im Falle einer Betriebsstörung eine möglichst
lang andauernde Reserve zu haben. Nun wird es aber vielfach
vorkommen, daß die Batterie während des Betriebes dann

und wann auf kurze Zeit Strom zur Unterstützung der voll-
belasteten Maschinen liefern muß. Dies ist besonders in
Fabriken mit Elektromotorantrieb der Werkzeugmaschinen
usw. der Fall. Sobald dann die Belastung der stromerzeugenden
Maschinen wieder im Sinken begriffen ist, wird sofort wieder
auf Ladung gehalten, so daß der Akkumulator täglich einig e -
mal bis zur vollen Gasentwicklung geladen wird.

Infolgedessen wird viel mehr aktive Masse von den positiven Platten abgerissen, als wenn täglich nur einmal bis
zur vollen Gasentwicklung geladen würde, und die + Platten
werden unnötigerweise geschwächt.

3. infolge von Umladung und Selbstentladung.

14. Fall. Manchmal befinden sich in einer Batterie einige
Zellen, die nur noch einen geringen Bruchteil ihrer ursprünglichen Kapazität besitzen. Dies kann daher rühren, daß die
Negativen sich selbst entladen (Fall 28), oder daß eine unzulässige Ladung durch den Entladehebel (Fall 3) stattgefunden
hat, oder daß Elemente, die längere Zeit unter Kurzschluß
gestanden haben, ungenügend wiederaufgeladen worden sind.

Wird nun der Batterie die gesamte oder nahezu die volle
Kapazität entnommen, so verlieren derartige Zellen die ihre
völlig und werden spannungslos, noch bevor die gesunden
Elemente bis zur zulässigen Spannungsgrenze entladen sind.

Da aber der Entladestrom auch weiterhin durch sie
hindurchgeht, so wirkt er auf die Platten dieser Zellen wie
ein Ladestrom, nämlich formierend.

Sendet man durch zwei in Säure stehende Bleiplatten
einen Strom, so wird die Platte, in die er eintritt, positiv
formiert. Da nun in diesem Falle der Entladestrom in die ursprünglich negativen Platten der spannungslosen Zellen eintritt, so verwandelt er sie in positive, die ursprünglich positiven Platten in negative; es findet also Umladung statt.

Der Bleischwamm der negativen Platten verwandelt
sich teilweise in Bleisuperoxyd, in der Hauptsache aber in
Bleisulfat. Bleisuperoxyd und Bleisulfat nehmen aber ein
größeres Volumen ein als der früher vorhandene Bleischwamm.
Infolgedessen quillt die Masse der Negativen so stark, daß sie
teilweise ausläuft.

Die Masse der positiven Platten wandelt sich in Bleischwamm, in der Hauptsache aber in Bleisulfat um. Letzteres
hat sich aus dem mit dem Bleiträger verwachsenen Bleisuperoxyd gebildet. Wenn aber **der größte Teil** des vorhandenen
Bleisuperoxyds sich in Bleisulfat verwandelt, so quillt die
Masse so stark auf, daß der mit ihr fest verbundene Träger
aus Weichblei in Länge und Breite wächst. Da aber das
Sulfat ganz unregelmäßig auf dem Bleiträger verteilt ist, so
verzieht und wirft sich derselbe. Die Positiven krümmen sich
also stark und wachsen.

Die starke Sulfatbildung bewirkt, daß die Platten in
außerordentlich schwacher Säure stehen, in der sich sehr
kleine Sulfatkristalle bei Erhöhung der Temperatur rasch
lösen. Bei einer darauffolgenden Abkühlung werden die
noch vorhandenen Kristalle an Größe zunehmen, so daß also
die großen Kristalle auf Kosten der kleinen wachsen[1]). Es
bildet sich also eine isolierende Schicht größerer Sulfatkristalle,
welche die Wiederherstellung der früheren Kapazität solch
einer umgepolten Zelle sehr erschweren.

Natürlich addiert sich die Spannung derartig umgeladener
Elemente nicht zur Spannung der übrigen Batterie, sondern
subtrahiert sich infolge der entstehenden Gegenspannung.

Es ist dann unmöglich, dem gesunden Teile der Batterie
die garantierte Kapazität zu entnehmen, falls die vorgeschriebene Netzspannung nicht unterschritten werden darf.

15. Fall. Wird nur wenig entladen und selten geladen,
vielleicht nur alle 2 bis 3 Wochen, so sulfatieren unter
allen Umständen **beide** Plattensorten.

Das Sulfat bildet sich durch Selbstentladung der Platten
(siehe Einleitung, Abschnitt 4).

Diese Erscheinung tritt öfters anfangs Herbst bei Theater-
oder Warenhausbatterien auf.

16. Fall. Villenbatterien, die häufig ¼ bis ½ Jahr
überhaupt weder entladen noch geladen werden, zeigen bei
Wiederbeginn des Betriebes oft ganz verschiedene Eigen-
schaften. Während die Kapazität der einen nach ordnungs-
gemäßer Aufladung sofort wieder vorhanden ist, zeigt eine

[1]) Professor Elbs, Die Akkumulatoren. 1896. S. 40.

4*

andere starken Kapazitätsnachlaß; ihre + Platten sehen infolge hohen Sulfatgehalts gelb bis gelbbraun aus und die Oberfläche fühlt sich hart und sandig an; negative Gitterplatten mit
Glasrohreinbau haben an den Kontaktstellen, also an den Rippen, zusammenhängendes, sandig sich anfühlendes Bleisulfat.

Dieses verschiedene Verhalten dürfte

1. im Zustande der Batterie zu Beginn der langen Ruhepause,

2. im Aufstellungsort

seine Ursache haben.

Wird ein Akkumulator im „geladenen" Zustand außer
Betrieb gesetzt, so ist in der Masse nur noch wenig Sulfat
vorhanden; geschieht dies aber nach Entnahme der garantierten Kapazität, also „entladen", so hat sich ungefähr 50%
der Masse bereits in Sulfat verwandelt. Während des nun
folgenden Ruhezustandes bildet sich schwefelsaures Blei
durch Selbstentladung, die pro Tag etwas unter 1% der
garantierten Kapazität beträgt. (Siehe Einl., Abschn. 4.)
Befindet sich also eine **„entladene"** Batterie über 100 Tage
im Ruhezustande, so ist sie mit ca. 200% ihrer garantierten
Leistung entladen. Die aktive Masse ihrer Platten ist sehr
stark mit Sulfat durchsetzt, und der Elektrolyt besteht aus ganz schwach angesäuertem Wasser, da die
konzentrierte Säure zur Bildung des schwefelsauren Bleies
verbraucht wurde. Die Masse der Negativen wird meist infolge dieser übermäßigen Sulfatbildung teilweise ausgetrieben,
oder sie schrumpft.

Ist nun eine solche Batterie z. B. auch noch unter Dach
aufgestellt, wo infolge der Witterung öfters auf große Erwärmung der Säure starke Abkühlung erfolgt, so werden sich
jedenfalls ganz andere Mengen kleinerer und größerer Sulfatkristalle bilden können als bei der „geladenen", da ja ungefähr
die doppelte Sulfatmenge vorhanden ist und sehr rasch
Bildung großer Kristalle eintritt, sobald die Säuredichte
wesentlich unter 1,10 gesunken ist. Dann ist die Löslichkeit des schwefelsauren Bleies eine sehr hohe. (Am geringsten
ist sie zwischen 1,10 und 1,20 Säuredichte.)

Es ist also sehr wohl möglich, daß eine Batterie, die
„geladen" dem Ruhezustande überlassen wurde und nur ganz

geringen Temperaturschwankungen ausgesetzt war, weil sie
z. B. im Keller steht, bei Wiederbeginn des Betriebes sich in
tadellosem Zustande befindet, während eine andere, unter
solchen Verhältnissen wie beschrieben, starke Kapazitäts-
einbuße erleidet.

4. infolge zu tiefer Entladung.

17. Fall. Wie bereits früher erwähnt, nimmt das bei
Entladung sich bildende Bleisulfat ein größeres Volumen
ein als das Bleisuperoxyd, aus dem es entsteht. Es lockert
infolgedessen die Masse der positiven Platten auf. Bei tiefer
Entladung wird nun viel mehr Sulfat gebildet als bei schwacher,
so daß also auch eine erheblich stärkere Auflockerung der
Masse eintritt. Nach vorangegangener tiefer Entladung
eines Akkumulators wird das gegen Schluß der Ladung aufsteigende Gas demnach eine größere Menge Masse abreißen
können als nach schwacher Beanspruchung desselben, so daß
jedenfalls die Schwächung der Plattenrippen nahezu proportional der entnommenen Energie erfolgt. Kapazitätsnachlaß und Verfall der positiven Platten treten also um so früher
auf, je tiefer entladen wird.

Meist wird man innerhalb zehn Jahren — dieser Zeit-
raum bildet häufig für Rentabilitätsberechnungen die Grundlage — durchschnittlich mit einmaliger Erneuerung der
Positiven rechnen müssen, wenn im Jahresmittel über
70% der garantierten Kapazität entnommen wird.

Wenn also eine Batterie im Sommer täglich mit 50%,
im Winter täglich mit 100%, also im Jahresmittel mit
75% der garantierten Leistung beansprucht wird, so wird sie
zu tief entladen, obwohl sie imstande ist, 100% Leistung
abzugeben. Die Folgen dürften sich an den Positiven zeigen,
— unter Umständen noch in viel kürzerer Zeit an den Negativen, die stark schrumpfen und schließlich verbleien, wenn
der Akkumulator nicht mit Kastenplatten und Brettcheneinbau oder mit solchen Negativen versehen ist, deren Masse
Quellstoffe enthält.

Verfasser konnte die Folgen solch tiefer Entladung in
einer Großbäckerei beobachten, wo von einer viel zu klein
gewählten Batterie nachts einige Glühlampen sowie die Mo-

toren für die Teigteilmaschinen und den Fahrstuhl gespeist wurden. Obwohl die Glühlampen in den Morgenstunden nur noch dunkelrot brannten — ein Zeichen der völligen Erschöpfung der Batterie —, so wurde doch über ¾ Jahr in dieser Weise gewirtschaftet. Die Folge davon war nicht nur totales Schrumpfen der Masse der negativen Gitterplatten — die Masseblöckchen lagen lose im Gitter —, sondern auch starke Abnutzung der positiven Platten.

Als Verfasser die Batterie — sie stammte von der ehemaligen A.-G. Boese — nach ordentlicher Aufladung untersuchte, war sie bereits in einer, statt in drei Stunden leer. Jetzt wurde die Batterie durch eine genügend große ersetzt. Der Besitzer hatte sich also durch den zu kleinen Akkumulator einen ganz erheblichen Schaden zugefügt.

Die Wahl einer zu **kleinen** Batterie ist einer der häufigsten Fehler, die aus falsch angebrachter Sparsamkeit begangen werden.

18. Fall. Zu starke Beanspruchung des aktiven Materials kann ihren Grund auch darin haben, daß eine Batterie, die für den betr. Betrieb durchaus nicht zu klein ist, bis zur tiefstzulässigen Spannung mit ganz schwachem Strom unter Einschaltung von Pausen entladen wird.

Jedesmal bei Aussetzen der Stromlieferung erholt sich außerdem die Batterie, d. h. ihre Spannung steigt wieder an, weil zu der an Schwefelsäure verarmten aktiven Masse der Platten neue gelangen kann. Dies hat gleichfalls noch eine weitere kleine Zunahme der Kapazität zur Folge. Daraus geht hervor, daß hier eine Beanspruchung der Batterie stattfindet, die 100% der garantierten Kapazität weit übersteigt.

Wird z. B. der zwanzigstündige Strom ohne jede Ruhepause entnommen, so hat der Akkumulator ungefähr 44% mehr Kapazität, als wenn er mit dreistündigem entladen wird.

Ein starkes Wachsen der positiven Platten nach der Seite und in die Länge und ihr vorzeitiger Untergang ist die unausbleibliche Folge, da die Positiven bis ins Innerste zur Stromlieferung herangezogen werden; die Masse ∙ ungeeigneter negativer Gitterplatten schrumpft.

Diese Verhältnisse findet man häufig in elektrischen Zentralen von kleineren Städten oder Badeorten. Während des Sommers oder Winters ist die Anlage so schwach belastet, daß es nicht lohnt, die Maschinen laufen zu lassen. Man speist dann von der sehr großen Batterie allein das Netz während vieler Tage, bis die zulässige Spannungsgrenze erreicht ist. Dann erst wird wieder auf Ladung gefahren.

19. Fall. In vielen Anlagen wird des Nachts die Netzspannung durch einen automatischen Zellenschalter konstant gehalten. Dabei kann es vorkommen, daß z. B. der Funkenentzieher an den Kontakt stößt, über den er hinweggleiten soll. Infolgedessen wird der Motor überlastet, und seine Sicherungen gehen durch. Der Entladeschlitten bleibt dann mit seinen Bürsten auf zwei Kontakten stehen, so daß die zwischen ihnen liegenden Zellen über den Hilfswiderstand mit ihrem höchstzulässigen Strom unter Umständen bis auf o Volt Spannung entladen werden.

Sorgt man nun nicht für sofortige gehörige Aufladung, so bildet sich unter Umständen infolge Temperaturschwankungen schwerlösliches Bleisulfat an positiven und negativen Platten.

20. Fall. In kleineren Elektrizitätswerken, welche nachts keinen Maschinenbetrieb haben, wird vielfach mit dem Hauptzähler die von der Batterie abgegebene Kilowattstundenzahl dadurch bestimmt, daß man abends am Schluß und morgens bei Beginn des Betriebs ihn abliest.

Gehen nun in den Hauptbetriebsstunden max. 450 Amp. ins Netz, so ist der Hauptzähler sicher für 500 Amp. vorgesehen. Nachts beträgt aber der Strombedarf des Netzes vielleicht nur 20 Amp. oder noch weniger, also ca. 4% der Vollbelastung des Zählers. Dann kann es vorkommen, daß er zeitweise stehen bleibt und infolgedessen viel zu wenig anzeigt. Liest nun das Personal die **Säuredichte** weder abends bei Schluß noch morgens bei Beginn des Betriebes ab und richtet sich nur nach den Zählerangaben, so ist es möglich, daß in derartigen Betrieben die meist sehr kleine Batterie des Nachts dauernd nahezu oder völlig entladen wird.

Die Höhe der Ladeenergie ist unbekannt, da man sie während des Tagesbetriebes ohne jede Registrierung mit veränderlichem, meist schwachem Strome dem Akkumulator zuführt.

Verfasser ist ein Fall bekannt, wo der viel zu große Zähler 30% Batteriebelastung anzeigte, während sie tatsächlich 90% betrug!

Die Betriebsleitung ist natürlich von der geringen Beanspruchung des Akkumulators überzeugt und wundert sich, wenn nach einigen Jahren die Kapazität zurückgeht und evtl. Reparaturen erforderlich werden.

21. Fall. Stehen Akkumulatoren in nächster Nähe von Dampfkesseln, Auspufftöpfen von Gasmotoren, Heizkörpern, oder heizt der Fuchs einer Kesselanlage eine Wand des Batterieraumes, so nimmt die Luft eine so hohe Temperatur an, daß die Säure stark erwärmt wird und infolgedessen die Kapazität des Sammlers beträchtlich steigt. (Abb. 20.) Die Temperatur der Säure kann die Höhe von 30 bis 40° C erreichen, wenn der Akkumulator in einem Keller mit ungenügender Ventilation aufgestellt ist.

Wird nun in einer solchen Anlage die Batterie immer bis nahe zur Spannungsgrenze entladen, so findet eine dauernde Beanspruchung von weit über 100% der garantierten Kapazität statt, falls nur die Raumtemperatur stets nahezu gleich bleibt und alle 1 bis 2 Tage Ladung stattfindet.

Infolge solch tiefer Entladung werden die Positiven bis ins Innerste zur Stromlieferung herangezogen; ihre vielen feinen Bleirippen erleiden eine so starke Formierung, daß sie zerfallen. Die Lebensdauer der + Platten dürfte dann höchstens 4 bis 5 Jahre betragen.

Bei negativen Platten kann die Masse infolge überreichlicher Sulfatbildung entweder so stark quellen, daß sie teilweise ausläuft; sie kann aber auch stark schrumpfen und sich vom Gitter lösen, je nach Herkunft der — Platten. Dies hat natürlich einen Kapazitätsverlust derselben zur Folge.

5. infolge langjähriger Benutzung.

22. Fall. Im Material jeder Maschine, sei es eine Dampfmaschine nebst ihren Dampferzeugern, sei es ein Gasmotor oder eine elektrische Maschine, gehen im Laufe der Zeit Veränderungen vor sich, die zunächst Reparaturen und schließlich nach kürzerer oder längerer Zeit, je nach Güte des Fabrikats, Außerbetriebsetzung nötig machen.

Der Akkumulator bildet natürlich hiervon keine Ausnahme! Der in der Masse der Negativen fein verteilte Rußzusatz wird im Laufe der Jahre allmählich herausgespült; andere inerte Substanz, z. B. Bimsstein, bleibt zwar in den Platten, wird aber bei einiger Beanspruchung der Masse durch Entladung unwirksam. Dann ballen sich (schrumpfen, sintern) die einzelnen Bleipartikel nach und nach zu Klümpchen zusammen, die im Laufe der Zeit größer werden. Die Masse beginnt zu ,,verbleien“, und die Negativen verlieren sehr schnell ihre Kapazität, da infolge der immer geringer werdenden Porosität der Massekuchen die Säure zu immer weniger Masseteilchen gelangen kann.

Diesen Zustand hat Verfasser an stark beanspruchten Batterien mit negativen Gitterplatten, Bimssteinzusatz und Glasrohreinbau, die falsch behandelt sowie gar nicht gewartet wurden und keine Quellmittel, wie z. B. Bariumsulfat, enthielten, bereits nach 1- bis 2jährigem Betriebe vorgefunden.

Im Gegensatz hierzu zeigen gut gewartete Batterien, die z. B. mit Kastenplatten und Brettcheneinbau versehen sind, erst nach 15 oder noch mehr Jahren nur ein Schrumpfen der Massekuchen.

Aber auch die positiven Platten verändern sich im Laufe der Zeit, da das sich bildende, fest mit der Großoberflächenplatte verwachsene Bleisulfat ein größeres Volumen als das Bleisuperoxyd einnimmt. Infolgedessen muß eine sehr kleine Dehnung der Weichbleiplatte bei jeder Entladung stattfinden, und zwar nach Breite und Länge. Bei Entladung bis zur Kapazitätsgrenze wird die Ausdehnung infolge der größeren Bleisulfatmengen natürlich viel stärker sein, als wenn nur eine geringe Beanspruchung der Platte stattfindet. So ist es möglich, daß nach mehreren hundert sehr tiefen Entladungen die + Platte nach jeder Seite um 1 cm oder mehr, in die Länge um 1 bis 4 cm gewachsen sein kann.

Da ferner eine positive Platte wohl niemals vollständig gleichmäßig an ihrer Oberfläche und im Innern arbeitet,

so werden evtl. völlig geladene Stellen neben teilweise entladenen liegen. Infolgedessen dehnt sich die Platte verschieden stark aus; dies kann ein teilweises Krümmen derselben
zur Folge haben. Besonders der untere Teil der + Platte
entlädt sich stets viel stärker als der obere, da er in dichterer Säure steht und der Strom infolge des freien Raumes
unterhalb der Platten einen größeren Säurequerschnitt und
deshalb geringeren Widerstand vorfindet. — Der obere Teil
wird sich daher nicht so stark seitlich dehnen als der untere,
der sich muldenförmig krümmt, weil er sich infolge des Zu-
sammenhanges mit dem oberen nicht soweit ausdehnen kann,
wie er möchte.

Nun bringt ja dieses Wachsen und Sichkrüm-
men der positiven Platten an und für sich keinen
Kapazitätsnachlaß hervor; aber die + Platten berühren
viel früher den Schlamm, als wenn sie nicht wachsen würden,
oder sie berühren die negativen Platten, und es entsteht
Kurzschluß. Außerdem können die Gläser oder Stützscheiben
durch eine zu breit gewordene Platte gesprengt werden. Durch
das Wachsen wird also eine Erkrankung des Akkumulators
eingeleitet.

Es ist aber nicht nur die Entladung, sondern in erster
Linie die sich immer wiederholende Ladung am schließlichen
Untergange der positiven Platten schuld.

Gegen Ende jeder Ladung tritt ja starke Gasentwicklung
auf; das Gas steigt mit großer Heftigkeit in die Höhe, lockert
allmählich an der Oberfläche der positiven Platten die aktive
Masse und löst sie nach und nach ab. Sie fällt zu Boden und
bildet den Bleischlamm. Je öfter nun bis zur völligen Gasentwicklung geladen wird, desto dünner werden die vielen feinen
Rippchen der Positiven. Nach Jahren tritt eine beträchtliche
Kapazitätsabnahme ein; die Platten sind so stark verbraucht,
daß sie unter Umständen beim Anfassen zerfallen.

Bei guter Wartung und mittlerer Beanspruchung
einer Batterie dürfte dieser Zustand — man könnte ihn als
Altersschwäche bezeichnen — erst nach 10 Jahren oder
noch später eintreten; bei sehr starker Beanspruchung
dagegen, je nach Güte der Wartung, bereits nach
5 bis 7 Jahren.

6. infolge Kurzschlusses einzelner Zellen.

23. Fall. Läßt die Wartung einer Batterie zu wünschen übrig, so ist es leicht möglich, daß Fremdkörper, wie Holz und Stroh, durch Einfüllen der Säure unmittelbar aus dem Ballon, oder daß Pappe und Glasscherben in die Zellen gelangen. Wenn sie nicht beseitigt werden, findet auf ihnen allmählich eine Anschwemmung von Masseteilchen statt, die endlich eine sehr gut leitende Brücke zwischen positiven und negativen Platten darstellen. Eine solche Zelle entlädt sich dann allmählich, auch ohne daß ihr Strom entnommen wird.

Auch können sich benachbarte Platten infolge Krümmens unmittelbar berühren oder unter Vermittlung von Metallstückchen, die auf den Zellenrändern liegen oder in die Zellen gefallen sind. Manchmal stehen die Platten auch im Schlamm. So wird jene leitende Verbindung hergestellt, die man als „Kurzschluß" bezeichnet.

Besonders bei Glasrohreinbau besteht eine hohe Kurzschlußgefahr, falls die + Platten stark zum Krümmen neigen und das Bedienungspersonal, sobald es deren Krümmung bemerkt, sie nicht sofort durch Zwischenglasrohre absteift.

Besitzen Elemente mit Glasrohreinbau auch noch Glasabdeckung, so ist die Kurzschlußgefahr noch größer, da die Glasplatten in den meisten Anlagen wohl nur äußerst selten abgenommen werden. Das Bedienungspersonal wiegt sich, eben weil die Elemente geschützt erscheinen, so lange in Sicherheit, bis es durch einen Kurzschluß darüber belehrt wird, daß sich schon längst die Platten gekrümmt haben.

Verhältnismäßig geringe Kurzschlußgefahr besteht bei Hartgummiplatten- und Brettcheneinbau.

Wie ein Kurzschluß wirkt, zeigt Abb. 32.

Infolge der kurzschließenden Verbindung k der beiden Elektroden a und b fällt deren Spannung gegenüber der der übrigen parallel geschalteten Platten 1; 2; 3; 4; 5; 6; 7 bzw. 8; 9; 10; 11; 12; 13. Da aber zwischen den Bleileisten A und B nur eine Spannungsdifferenz herrschen kann, so müssen die Plattenpaare 1—8—2, 2—9—3 usw. nach dem kurzgeschlossenen Plattenpaar a—b einen entsprechenden Ausgleichstrom senden, der durch die Bleileisten seinen Weg nimmt. Er wird um so stärker ausfallen und die vollständige Selbstentladung des betreffenden Elements geht um so rascher vor sich, je widerstandsloser die Verbindung k ist und je innigere Verbindung sie mit den Platten hat, oder je fester sich die Platten unmittelbar aneinanderpressen und je größer die sich berührenden Flächen sind.

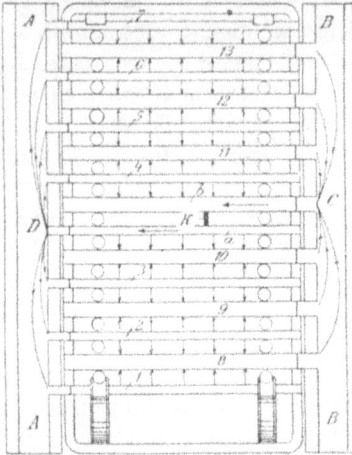

Abb. 32.

Da nun der Ladestrom seinen Weg nur durch die kurzgeschlossenen Platten nimmt, also nicht mehr auf die übrigen einwirkt, die Entladung aber so lange vor sich geht, bis die Masse beider Plattensorten nur noch aus Sulfat besteht, so stehen schließlich die Platten in ganz schwach angesäuertem Wasser; die Säure ist eben zur Bildung der anormal großen Sulfatmengen verbraucht worden.

Der Säuremesser sinkt unter. In außerordentlich dünner Säure besitzt aber das Bleisulfat eine ebenso hohe Löslichkeit wie in dichter. Die kleinsten Bleisulfatkristalle werden daher schnell gelöst und schlagen sich bei Abkühlung der Flüssigkeit auf Kristalle nieder, die sich noch auf den Platten befinden. Es bilden sich, falls ein Kurzschluß längere Zeit besteht, nach und nach große, durch den Ladestrom schwer lösliche Kristalle. Die Positiven werden an der Oberfläche hart, sehen gelbbraun aus und krümmen sich teilweise sehr stark. Bei Negativen läuft meist infolge überreicher Sulfatbildung ein Teil der Masse aus.

Während ein Kurzschluß, der g l e i c h n a c h s e i n e m E n t s t e h e n[1]) beseitigt wird, der betreffenden Zelle n i c h t d a s

---

[1]) Das Bleisulfat tritt nach Entstehen in **amorphem** Zustande auf, geht aber nach l ä n g e r e r Zeit allmählich in den **kristallinischen** über. Bei a m o r p h e r Beschaffenheit des Sulfats wandelt es der Ladestrom s o f o r t in PbO_2, resp. Pb um, im andern Falle jedoch erfordert das s e h r l a n g e Z e i t oder ist überhaupt unmöglich.

geringste schadet, so führen Kurzschlüsse, die mehrere Wochen bestehen, zu einem mehr oder minder starken Kapazitätsnachlaß, ja unter Umständen zum Untergang der Zelle.

7. infolge falschen Platteneinbaues.

24. Fall. Ist die Leistung einer Batterie oder einzelner Zellen infolge langjähriger Beanspruchung wesentlich zurückgegangen, oder hat es sich herausgestellt, daß der Akkumulator zu klein ist, so sucht man häufig die Kapazität dadurch wieder herzustellen oder zu erhöhen, daß man aus den einzelnen Elementen nur die schlechtesten + Platten herausnimmt und an deren Stelle neue geladene setzt, oder daß man zu den vorhandenen alten Plattenpaaren noch einige fügt, die aus gänzlich neuen geladenen Platten bestehen.

Verf. untersuchte einmal 14 Tage nach Beendigung einer solchen Reparaturarbeit eine Batterie. Diese hatte gänzlich neue negative Platten erhalten, und außerdem war in jeder Zelle der dritte Teil der positiven Platten durch neue ersetzt worden; ja, es hatte sogar jedes Element noch ein Plattenpaar aus ganz neuem Material erhalten. Es hätte bei normaler Säuretemperatur eine Kapazität von 100 % vorhanden sein müssen, zumal die alten Positiven noch gut aussahen und die Säure absolut rein war. Die Kapazitätsprobe ergab aber bei 30 ⁰ C. nach vorausgegangener ausgedehnter Ruhepausenladung nur 93 % oder — reduziert auf Normaltemperatur — 78 % Kapazität.

Es ist dies ganz erklärlich, da ja bei Entladung die Spannungslage der Plattenpaare mit den neuen Positiven höher als diejenige der Plattensätze mit den alten Positiven ist. Da aber zwischen den Bleileisten eines jeden Elementes nur eine Spannungsdifferenz herrschen kann, so werden bei Entladung die Plattensätze mit den neuen Positiven viel stärker zur Stromlieferung herangezogen als die mit den alten. Da nun die neuen Plattenpaare einen viel zu hohen Strom liefern müssen, so sinkt ihre Kapazität weit unter die garantierte; die alten Positiven haben an und für sich bei weitem nicht die vorschriftsmäßige Kapazität, so daß also meist die garantierte Leistung nicht wieder hergestellt werden kann.

Sind die Negativen, die zu den neuen Positiven gehören, Gitterplatten ohne Quellstoffe mit Glasrohreinbau, so erkranken sie sehr schnell infolge der zu starken Beanspruchung: sie schrumpfen. Infolgedessen nimmt die Kapazität der betreffenden Plattenpaare nach und nach ab, und sie werden wegen ihrer ungeeigneten Negativen bald wieder ebensowenig leistungsfähig sein wie die anderen mit den alten Positiven. Es tritt also ein rascher und steter Rückgang der Gesamtkapazität des Akkumulators ein.

Das Einsetzen alter **und** neuer positiver oder negativer Platten **in ein und dieselbe Zelle** ist daher ein grober technischer Fehler; ebenso auch das Einbauen von negativen Platten verschiedener Herkunft.

8. infolge zu dichter Säure.

25. Fall. Naturgemäß verdunstet in sehr warmen Akkumulatorenräumen die Elementflüssigkeit sehr rasch, und es steigt die Säuredichte, da ja nur das destillierte Wasser verdunstet, nicht die mit ihm vermischte konzentrierte Schwefelsäure. Die Zellen müssen nachgefüllt werden.

Prüft nun das Bedienungspersonal nicht vor dem Nachfüllen den Stand der Säuredichte und gießt einfach Säure von 1,18 Dichte anstatt Wasser nach, so steigt das spezifische Gewicht der Zellenflüssigkeit in kurzer Zeit ganz beträchtlich. Mit steigender Säuredichte nimmt aber die Löslichkeit des Bleisulfats erheblich zu, und es bilden sich dann in viel kürzerer Zeit als sonst, wohl infolge von Temperaturschwankungen der Säure, Bleisulfatkristalle (die größeren Kristalle wachsen auf Kosten der kleineren), die bei Ladung nur zum Teil vom Strom in Superoxyd oder Bleischwamm umgewandelt werden können. Mit jeder weiteren Entladung entsteht Sulfat, von dem ein Teil rasch in Lösung geht und mit bereits vorhandenen Kristallen schwer lösliche bildet, so daß diese sich also fortgesetzt vermehren.

. Es werden besonders im Sommer, wo nicht alle Tage Ladung stattfindet, in erster Linie die negativen, dann aber auch die positiven Platten sulfatieren. Die Sulfatmenge kann so groß werden, daß die Masse der Negativen stark quillt und teilweise ausläuft.

Werden nun die mit hohem Widerstande für den elektrischen Strom behafteten Sulfatschichten nicht wieder beseitigt, so sinkt außer der Kapazität auch der Wirkungsgrad der Batterie, da eine höhere Ladespannung als bei einer gesunden eingehalten werden muß.

26. Fall. Es kommt manchmal vor, daß ein Akkumulatoren-Monteur nach einer Reparatur in einer Anlage Lötsäure von 1,83 spez. Gewicht in einem gewöhnlichen Säureballon zurückläßt, da keine Möglichkeit vorhanden war, sie wegzugießen, ohne Schaden anzurichten.

Das Bedienungspersonal vergißt, daß dieser Ballon konzentrierte Schwefelsäure enthält und verwendet sie zum Nachfüllen. Dann müssen sich natürlich die in Fall 25 erwähnten Nachteile recht bald einstellen.

27. Fall. Hat eine Zelle unter Kurzschluß gestanden und ist sie noch nicht nachgeladen worden, so steht die Säuredichte so niedrig, daß meist der Säuremesser völlig untersinkt (siehe Kap. I, Abschn. 6). Das Personal füllt dann vielfach Säure von 1,18 Dichte nach, um den früheren Säurestand wiederherzustellen.

Dies ist aber falsch, da ja bei Nachladung des betreffenden Elements die im Bleisulfat chemisch gebundene konzentrierte Säure wieder frei wird und die Säuredichte also ganz von selbst den früheren Wert wieder erreicht.

Durch Nachgießen von Säure muß demnach die Säuredichte beträchtlich über 1,20 im geladenen Zustande steigen, was unter Umständen Sulfatierung der Platten zur Folge hat[1]).

9. infolge Säureverunreinigung.

28. Fall. Gegen Schluß der Ladung einer Batterie findet ein so heftiges Aufsteigen der Gasblasen am Säurespiegel statt, daß es den Eindruck erweckt, als koche die Säure.

[1]) Vor Jahren erniedrigten die deutschen Akkumulatorenfabriken die Säuredichte von 1,25 auf 1,20 im geladenen Zustande, und zwar mit Recht; denn bei einem spezifischen Gewicht der Säure von 1,10 bis 1,20 löst sich das Bleisulfat viel langsamer und deshalb in wesentlich geringerer Menge als in außerordentlich dünner oder sehr dichter Säure. Die Bildung großer, schwer löslicher Sulfatkristalle bei Schwanken der Säuretemperatur kann infolgedessen nicht sehr rasch vor sich gehen; die Gefahr einer Sulfatation des Akkumulators ist damit verringert.

Dieses Kochen hält nach Schluß der Ladung bei absoluter Reinheit der Säure nur noch einige Minuten an.

Ist aber die Elementsäure z. B. durch Platin-, Arsen-, Silber-, Antimon-, Nickel- oder Kupferteilchen verunreinigt, so hört an den Negativen die Gasentwicklung (das Kochen) auch nach Beendigung der Ladung nicht auf; es müssen sich aber höchstwahrscheinlich wenigstens zwei[1]) der genannten Metalle gleichzeitig im Elektrolyt befinden.

Diese Metallteilchen, Nachkochmetalle genannt, wandern mit dem Ladestrom und setzen sich am Bleischwamm der Negativen fest. Es bildet sich dann eine sehr große Anzahl außerordentlich kleiner kurzgeschlossener Elemente — Bleischwamm, Säure, Nachkochmetall —, die unter kräftiger Wasserstoffgasentwicklung eine Selbstentladung der negativen Platten, also Umwandlung des Bleischwamms in Sulfat, hervorbringen. Diese Gasentwicklung kann so heftig sein, daß die Batterie sowohl im Ruhezustande als auch bei Entladung den Eindruck macht, als koche sie.

Selbstentladung findet aber nicht nur im Ruhezustande und bei Entladung des Akkumulators statt, sondern auch während der Ladung, so daß die Ladespannuug auch bei starker Überladung niemals den vorschriftsmäßigen Höchstwert erreichen kann.

Eine Kapazitätsverminderung der Negativen infolge dieser Selbstentladung tritt nicht ein; nur ist es nicht mehr möglich, die ganze in ihnen aufgespeicherte Energie als Nutzstrom ins Netz zu senden, da sie sich eben teilweise selbst entladen, natürlich unter entsprechendem Spannungsabfall der Batterie, wie folgende Messung von Dr. Kugel[2]) zeigt, die an 60 im Ruhezustande befindlichen Zellen von 215 Ah Kapazität nach mehrstündiger Überladung vorgenommen wurde:

Zeit	Volt		Zeit	Volt
9 Uhr	135		11,45 Uhr	95
10 ,,	104		12,15 ,,	90
11,25 ,,	101		3 ,,	83
11,35 ,,	96		11,30 ,,	78

Vormittag des folgenden Tages.

---

[1]) Elektrotechnische Zeitschrift 1892, S. 21.
[2]) Elektrotechnische Zeitschrift 1892, Heft 1.

Es gibt nun verschiedene Möglichkeiten, wie solche schädliche Metalle in die Säure gelangen können.

Metallstaub, der in den Akkumulatorenraum fliegt, vermischt sich mit der Säure der einzelnen Zellen und wandert mit dem Strome zu den Negativen. Besonders solche Zellen, die unter Luftschächten oder Entlüftungslaternen stehen, sind solchem Staub ausgesetzt.

Häufig bildet sich an Kupferleitungen dort, wo sie in die Polschuhe der Batterie eingelötet sind, Kupferoxyd, das abblättert und die Säure der betreffenden Zelle verunreinigt.

Zurzeit gibt es eine große Anzahl Werke, die sich das destillierte Wasser zum Nachfüllen der Zellen selbst herstellen. Vielfach geschieht dies durch Destillierapparate, die Kupferschlangen enthalten. Das Destillat wird dann stets kupferhaltig, auch wenn das Kupferrohr verzinnt ist, da das Zinn mit der Zeit abblättert. Die Folge davon ist eine allmähliche Anreicherung der Elementsäure mit Kupfer.

Öfters werden die Zellenschalterleitungen erst installiert nach Aufstellung des Akkumulators, wobei vielfach versäumt wird, die Elemente sorgfältig zuzudecken. Natürlich werden dann unter Umständen Kupferspänchen oder auch ganze Stücke Kupfer während der Leitungsmontage in die Zellen fallen.

Es ist natürlich auch möglich, daß Säure oder destilliertes Wasser schon in verunreinigtem Zustande von der chemischen Fabrik geliefert wird. So können — allerdings kommt dies äußerst selten vor — in der Schwefelsäure Platin, Eisen, Arsen oder Kupfer enthalten sein.

Auch ist es nicht völlig ausgeschlossen, daß trotz sorgfältigster Kontrolle in der Fabrik der Bleischwamm der Negativen ganz geringe Mengen Mangan, Kupfer, Antimon oder Silber enthält, weil die Bleiglätte nicht absolut rein war. Daß unreine Glätte unter Umständen Nachkocherscheinungen hervorrufen kann, dürfte daraus hervorgehen, daß manchmal Zellen mit ganz reiner Säure, die ein oder mehrere Male bei Entladung der Batterie umpolten, weil sie nach Beseitigung eines Kurzschlusses nicht genügend aufgeladen wurden, im Ruhezustande dann an den Negativen ständig Gas entwickelten. Der Sauerstoff, der sich bei Umpolung an den Negativen bildet, dürfte die Verunreinigungen der Glätte zur Lösung gebracht haben.

Man sieht aus alledem, daß es wohl möglich ist, daß zwei verschiedene Nachkochmetalle an den Bleischwammplatten auftreten können.

29. Fall. Aber auch bei den positiven Platten besteht die Gefahr der Selbstentladung in besonders hohem Maße dann, wenn die Säure durch Eisen verunreinigt wird. Dieses löst sich in der Säure und bildet ein Eisensalz, das dem Superoxyd der positiven Platte den Sauerstoff entzieht: sie wird also entladen. Mit dem Ladestrome wandern dann die sauerstoffbeladenen Eisenmoleküle zur negativen Elektrode und geben dort an den Bleischwamm den Sauerstoff ab, sie also gleichfalls entladend. Mit dem Entladestrom kehren die Eisenmoleküle wieder zur positiven Elektrode zurück und entziehen ihr abermals den Sauerstoff. Dieser Vorgang wiederholt sich bei jeder Ladung und Entladung.

Vielfach wird bei Kapazitätsproben der Füllbottich als Wasserwiderstand benutzt, indem man Eisenplatten einhängt und ihn mit angesäuertem Wasser füllt. Nach der Probe wird es verabsäumt, den Bottich von den Metallteilchen, die sich naturgemäß von den Eisenplatten losgelöst haben, zu reinigen. Folglich gelangt dann die Nachfüllflüssigkeit mit Eisen verunreinigt in die Elemente.

Manchmal sind Batterien auch in Räumen mit Oberlicht aufgestellt. Von den eisernen Fensterrahmen, von eisernen Rohren oder Trägern, die die kalte Decke entlang laufen, tropft dann eisenhaltiges Kondenswasser in die darunterstehenden Elemente, wenn die Eisenteile keinen oder nur mangelhaften Anstrich besitzen.

Alle Stickstoffverbindungen, wie Ammoniak, salpetrige Säure, Salpetersäure, bewirken aus dem gleichen Grunde, wie vorher für Eisen angegeben, nutzlose Selbstentladung beider Plattensorten.

30. Fall. Befinden sich in der Schwefelsäure der Elemente Salpetersäure, salpetrige Säure, Ammoniak, Chlor, Salz- oder Essigsäure, so findet eine frühzeitige Zerstörung der positiven Platten statt, weil diese Stoffe stark formierend auf das Bleigerüst wirken.

Chlor kann durch Tropfwasser, das vom Deckenputz herabfällt, in die Zellen gelangen. Auch Kalkstückchen, die in die Elemente oder in den unbedeckten Nachfüllbottich fallen, machen die Säure chlorhaltig.

Um Geld zu sparen, wird manchmal Wasser aus dem Kondenstopfe der Dampfmaschine oder Wasser, das aus ihrem Abdampf hergestellt wird, verwendet. Da nun der Maschinendampf chlorhaltiges Kesselwasser mit sich fortreißt, so wirkt ein solches Destillat stets stark formierend auf die positiven Platten.

Destilliertes Wasser und Säure werden manchmal von der chemischen Fabrik bereits mit Chlorgehalt geliefert.

Salzsäure oder Lötsäure (Chlorwasserstoffsäure) gelangt unter Umständen durch Unvorsichtigkeit eines Monteurs beim Löten in einzelne Zellen.

In Brauereien, Brennereien, Essigfabriken und chemischen Fabriken ist der Akkumulator ganz besonders durch Alkoholdämpfe gefährdet, falls der Raum, in dem er sich befindet, eine ungeeignete Lage hat. Diese werden vom destillierten Wasser der Säure begierig aufgesogen und gehen bei der nächsten Ladung durch Oxydation in Essigsäure über.

Werden Leitungen mit alkoholhaltigem Lack gestrichen, ohne daß die Elemente zugedeckt sind, so kann er in diese abtropfen, und es entsteht in der Flüssigkeit gleichfalls Essigsäure.

Manchmal werden auch Apparate zur Herstellung des destillierten Wassers benutzt, die für gewöhnlich zur Destillation von Alkohol dienen. Wird mit solchem Wasser der Akkumulator nachgefüllt, so enthält die Schwefelsäure ebenfalls Essigsäure.

In chemischen Fabriken können unter Umständen Dämpfe von Salpetersäure, Salzsäure oder Ammoniak, in Bleichereien Chlordämpfe die Akkumulatorensäure verunreinigen; von Pferdeställen und Aborten können ammoniakhaltige Gase in nicht richtig angelegte Akkumulatorenräume gelangen und dort schädlich wirken.

Aus allem, was in Abschnitt 9 über Säureverunreinigung gesagt ist, geht deutlich hervor, daß man sie sorgfältig meiden muß, da Selbstentladung der Platten und da-

5*

mit Verschlechterung des Wirkungsgrades die unausbleiblichen Folgen sind.

31. Fall. Starterbatterien werden häufig gar nicht gewartet und geben dann bei weitem nicht die geforderte Leistung. Es werden dann sogenannte „Aufbesserungsstoffe‟ zugesetzt. Eine merkliche Leistungszunahme wird nicht erreicht, wohl aber eine Verunreinigung der chemisch reinen Säure durch Ammonium- resp. Magnesiumsulfat. Während dieses die Negativen zerstört, verringert jenes die Lebensdauer der Positiven. Diese Regenerierungsmittel enthalten öfters auch konzentrierte Schwefelsäure, wodurch zwar die Zellenspannung steigt, aber ein vorzeitiges Zerfressen der Platten unausbleiblich ist.

B. Entstehung einer nur scheinbaren Krankheit des Akkumulators

1. infolge falschgehender Meßinstrumente.

32. Fall. In einer Blockstation mußten bei Entnahme des dreistündigen Stromes gleich zu Anfang von 60 Zellen 59 eingeschaltet werden, und bereits nach ungefähr einer Stunde stand der Entladeschlitten auf der ersten Zelle, so daß es den Anschein hatte, als besitze die Batterie nur noch den dritten Teil der garantierten Kapazität.

Eine Untersuchung des Akkumulators ergab jedoch das Vorhandensein der zugesicherten Leistung.

Es stellte sich schließlich heraus, daß das Stationsvoltmeter, nach welchem man ständig 112 Volt Sammelschienenspannung hielt, 5 Volt zu wenig anzeigte. Die tatsächliche Spannung des Akkumulators betrug, direkt an den Polen gemessen, im Mittel 117 Volt! Da nun in obigem Betriebe jedesmal eine neue Zelle zugeschaltet wurde, nachdem die Spannung auf 116 Volt gefallen war, so hätten statt 60 Zellen wenigstens $\frac{116}{1,83} = 63$ Zellen installiert werden müssen, um 100% Kapazität entnehmen zu können. Dies zeigt auch die graphische Darstellung Abb. 33, die außerdem den Beweis liefert, daß 60 Zellen bei 117 Volt mittlerer Spannung nur

etwas über eine Stunde entladen werden können (Kurven-
zug 1, 2, 3, 4).

33. Fall. Sehr häufig wird in elektrischen Anlagen der
Entladezustand der Batterie nach Zählern beobachtet.
Es kann dann vorkommen, daß der Entladehebel bereits auf
dem letzten Kontakt steht, obwohl nach den Angaben des
Zählers noch längst nicht die garantierte Amperestundenzahl
entnommen ist.

Zeigt der Zähler z. B. 10% zu wenig, so wird das Bedienungspersonal zu dem Glauben kommen, der Akkumulator

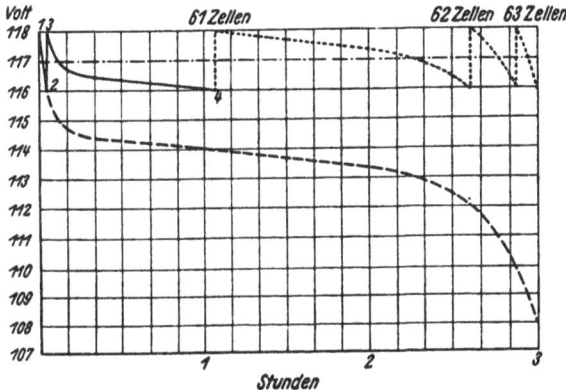

Abb. 33.

habe 10% seiner Kapazität infolge Erkrankung verloren,
während tatsächlich die Batterie vollkommen in Ordnung ist.

2. infolge zu großer Spannungsverluste.

34. Fall. In kleinen Privatanlagen (Blockstationen usw.)
sind häufig die Zellenschalterleitungen sehr lang; man hat aus
Sparsamkeit ihren Querschnitt so klein als nur irgend zulässig
bemessen, so daß ihr Widerstand verhältnismäßig hoch ist;
Schleifkontakte und Bürsten des Zellenschalters werden nicht
nachgesehen, so daß sich zwischen ihnen ein hoher Übergangswiderstand im Laufe der Zeit ausbildet.

Dann tritt von Batterie bis Sammelschienen ein unzulässig großer Spannungsverlust auf, der, wie Verf. in einigen
Anlagen feststellte, 5 Volt erreichen kann. Zeigt nun das rich-

tig gehende Stationsvoltmeter die Sammelschienenspannung zu 110 Volt an, so liefert der Akkumulator bei 5 Volt Spannungsverlust bis zu den Sammelschienen im Mittel 115 Volt, und es treten ähnliche Verhältnisse wie bei Fall 32 auf.

Man wird dann trotz völlig intakter Batterie bei Entnahme des dreistündigen Stromes nur ca. 2½ Stunden entladen können, wenn die Sammelschienenspannung 110 Volt nicht unterschreiten darf.

35. Fall. Aber nicht nur die Verbindungsleitungen von Batterie nach Sammelschienen müssen richtig dimensioniert sein, sondern auch die von Sammelschienen nach K o n s u m - s t e l l e.

Auf einem Holzplatze befand sich eine elektrische Zentrale mit einer Akkumulatorenbatterie, die nach 5 Uhr abends das am andern Ende des weit ausgedehnten Grundstückes befindliche Verwaltungsgebäude, in dem bis 8 Uhr gearbeitet wurde, a l l e i n mit Licht versorgte. Eine Regulierung der Batteriespannung fand nach 5 Uhr abends nicht mehr statt; die Maschinisten schalteten einfach nach Einstellung des Maschinenbetriebes s ä m t l i c h e Zellen der Batterie ein und verließen die Anlage. Nun herrschte in der Zentrale eine Spannung von ca. 122 Volt, und die 110-Volt-Lampen im Verwaltungsgebäude brannten mit ca. 114 bis 115 Volt. Es wurden allmählich immer mehr Lampen zugeschaltet. Infolge des u n z u l ä s s i g g r o ß e n S p a n n u n g s v e r l u s t e s in den sehr langen und dünnen Freileitungen aber ging schließlich die Spannung im Verwaltungsgebäude so weit herunter, daß die Lampen nur noch hellrot brannten. Die Folge war, daß einesteils die Lampen öfters ausgewechselt werden mußten, da sie meist mit Ü b e r spannung brannten, und andernteils das Personal sich fortgesetzt über die schlechte Beleuchtung beklagte.

Nun sollte nach der Meinung des Besitzers die Batterie nicht die garantierte Kapazität haben und die Schuld an der Beleuchtungskalamität tragen. Eine genaue Untersuchung des Akkumulators durch Verf. ergab jedoch, daß die übrigens erst 6 Monate alte Batterie die garantierte Kapazität besaß.

36. Fall. Verf. wollte einmal an einer neuen Pufferbatterie die einstündige Kapazitätsprobe ausführen. Das Schalttafelvoltmeter, ein Präzisionsinstrument, zeigte aber bereits nach einer halben Stunde Entladung die tiefstzulässige Spannung an, während die Messung der Säuredichte sowie der Spannung der einzelnen Zellen mit Sicherheit darauf schließen ließ, daß der Akkumulator noch lange nicht entladen sein konnte. Es wurde nun die Gesamtspannung der Batterie mit einem transportablen Präzisionsvoltmeter gemessen, wobei es sich herausstellte, daß das Schalttafelvoltmeter zu wenig anzeigte. Das lag aber nicht etwa an diesem Instrument, sondern an ungenügendem Kontakt im Voltmeterumschalter.

Der beträchtliche Übergangswiderstand verursachte einen so großen Spannungsverlust, daß die Angaben des Spannungszeigers gefälscht wurden. Nach Herstellung guten Kontaktes konnte auch nach Schalttafelvoltmeter eine Stunde entladen werden, ohne daß die Spannung unter die zulässige Grenze sank. Die garantierte Leistung der Batterie war also vorhanden.

3. infolge unpraktischer Schaltung.

37. Fall. An Wecker-, Telephon- oder Telegraphenbatterien, also Batterien sehr kleiner Kapazität, wird manchmal das Voltmeter dauernd angeschlossen. Es entlädt sich dann der Akkumulator mehr oder minder stark auf das Voltmeter.

Angenommen, eine Batterie mit einer garantierten zehnstündigen Kapazität von 25 Ah sei dauernd an ein Voltmeter von 0,2 Amp. Maximalstromverbrauch angeschlossen. Sie möge eine Weckeranlage betreiben und liefere weit kleinere Ströme als den zehnstündigen. Dann ist ihre Kapazität mindestens 35 Ah, da dieselbe bekanntlich mit sinkendem Strome ansteigt.

Beträgt nun der mittlere Stromverbrauch des Voltmeters 0,19 Amp., wenn die Batterie nach Volladung bis zur zulässigen Spannungsgrenze entladen wird, so verbraucht es nutzlos innerhalb 24 Stunden $24 \cdot 0,19 = 4,56$ Ah $= 13\%$ der Gesamtkapazität. Das Meßinstrument könnte also die Batterie in reichlich einer Woche vollständig entladen, ohne daß die Weckeranlage mit Strom gespeist wird. Die Akkumulatorenfabrik kommt dann leicht in den Verdacht, eine untaugliche Batterie geliefert zu haben, während der Akkumulator tatsächlich die garantierte Leistung besitzt.

38. Fall. Die Verbindungen der einzelnen Teile einer Dreileiterbatterie, die sich auf einem Doppeletagengestelle befand, waren nicht durch die Akkumulatorenfabrik, sondern durch einen fremden Installateur ausgeführt worden.

Da nun die erforderlichen Leitungen zur Verbindung der untern mit der obern Batteriehälfte wegen der Wand M (Abb. 34) nicht so bequem installiert werden konnten wie am

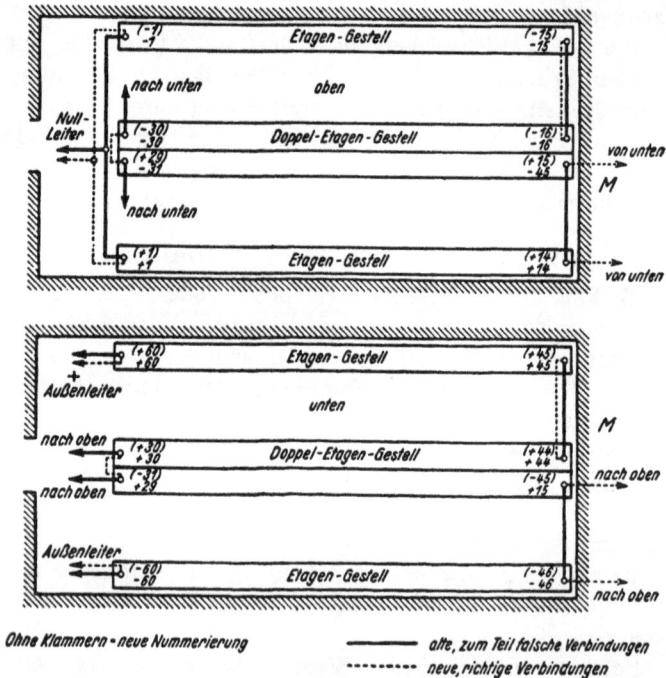

Abb. 34.

andern Ende der Elementreihen, so wurde die Schaltung nicht nach den Vorschriften der Akkumulatorenfabrik ausgeführt, sondern so wie in Abb. 34 durch die stark ausgezogenen Verbindungen angedeutet. Infolge dieser Abänderung lag der Querbalken c—c an einer Spannung von $(37 + 38)$ 2,04 = 153 Volt. (Abb. 35.) Da er nun infolge verschütteter Flüssigkeit, die nicht entfernt wurde, säuredurchtränkt war, so ging ein so starker Strom durch ihn hindurch, daß bei k, wo sich dieser Querbalken mit einem Längsbalken kreuzte, infolge starker Erwärmung allmählich Verkohlung des Holzes eintrat.

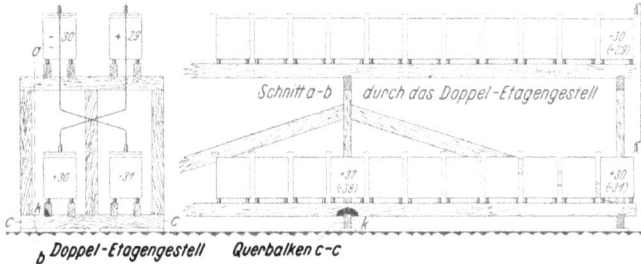

Abb. 35.

Ein Teil der Kapazität ging für das Netz verloren; es hatte den Anschein, als sei der Akkumulator erkrankt.

NB.! Bei sachgemäßer Schaltung ist eine Verkohlung des Holzes an irgendeiner Stelle, selbst wenn Säure an ihm haftet, ganz ausgeschlossen, da an den einzelnen Balken nur geringe Spannungsdifferenzen auftreten können.

4. infolge von Isolationsfehlern.

39. Fall. Steht ein Akkumulator in einem ventilationslosen Raum, so findet der Säuredunst, der sich gegen Schluß der Ladung in großen Mengen entwickelt, keinen Abzug und schlägt sich an Elementgefäßen, Isolatoren, Holzgestellen und Laufbühnen nieder. Alles ist feucht; es bildet sich eine sehr große Anzahl stromleitender Bahnen nach Erde, die eine mehr oder minder starke nutzlose Entladung der Batterie hervorrufen.

Eine säuredurchtränkte Laufbühne, die in einem feuchten Raume infolge unsachgemäßer Aufstellung feuchte Holzkasten der + und — Seite bei a und b berührt (Abb. 36), kann gleichfalls die Ursache der stillen Entladung einer Batterie sein, wie durch Pfeile und strichpunktierte Linien in der Abbildung angedeutet ist.

Ziegel- oder Kalkstücke, große Mengen Schmutz, die unter dem Holzgestell einer Batterie liegen und es unmittelbar berühren, Gruppenverbindungen oder Holzgestelle, die an der Wand des Akkumulatorenraumes anliegen, können unter Umständen die Holzgestellisolation illusorisch machen und stille Entladung nach Erde fördern.

Ein deutlich bemerkbarer Kapazitätsnachlaß wird aus den angeführten Ursachen nur in seltenen Fällen und

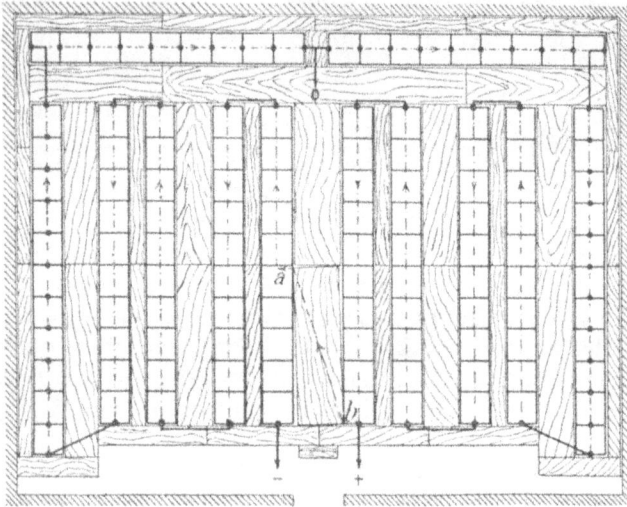

Abb. 36.

dann besonders bei Batterien geringer Leistung eintreten. Der Besitzer wird dann ungerechtfertigterweise eine Erkrankung des aktiven Materials vermuten.

5. infolge von Kälte.

40. Fall. Eine vollkommen in Ordnung befindliche Batterie gibt in der Regel auch dann nicht die garantierte Kapazität ab, wenn sie bei einer Säuretemperatur entladen wird, die niedriger als die Normaltemperatur, z. B. 15^0 C ist, weil dann die Säure zu dickflüssig ist und deshalb nicht mehr leicht genug durch die Kanäle der Platten diffundieren kann. Von einer Erkrankung der Batterie kann auch in diesem Falle nicht die Rede sein.

II. Kapitel.

Feststellung der Krankheitsursachen

1. durch Prüfung der Betriebsliste.

Die Betriebsliste gibt dem Betriebsleiter, dem Maschinenmeister sowie dem Besitzer der Anlage bei gewissenhafter Ausfüllung Mittel an die Hand, sowohl Krankheiten der Batterie evtl. schon im Entstehen zu entdecken, als auch falsche Bedienung von seiten des Personals abzustellen.

Welche Schlüsse sich aus den Aufzeichnungen der Betriebsliste ziehen lassen, soll an einigen Beispielen gezeigt werden:

A. Es mögen laut Liste die Elemente Nr.	21	22	23	24	25
am 12. Juni 1928 kurz vor Beendigung der Ladung die Säuredichten	1,20	1,20	1,205	1,20	1,20
am 13. Juni 1928 kurz vor Beginn der Ladung die Säuredichten	1,18	—	1,185	1,18	1,18

zeigen.

Dann ist Zelle Nr. 22 nicht in Ordnung; die Säuredichte konnte nicht abgelesen werden, da der Säuremesser vollständig in die Flüssigkeit untertauchte. Die Zelle steht wahrscheinlich unter Kurzschluß.

B. Laut Liste betrage die Säuredichte der Zellen . . . . Nr.	40	41	42	43
am 17. April 1928 gegen Schluß der Ladung	1,20	1,20	**1,30**	1,205

Da die normale Säuredichte 1,20 beträgt, so ist Element Nr. 42 nicht in Ordnung. Wahrscheinlich hat genannte Zelle einige Zeit vorher unter Kurzschluß gestanden, nach dessen Beseitigung natürlich die Säuredichte sehr niedrig war. Man hat die frühere Säuredichte wiederherstellen wollen und einfach fortgesetzt Säure nachgefüllt. Die Liste ergibt also, daß das Bedienungspersonal einen Fehler begangen hat; denn es hat unter allen Umständen zu viel Säure nachgefüllt.

C. Nach Liste haben die Stamm-zellen . . . . Nr.	40	41	42	43	44
am 10. Juni 1928 vor Beginn der Ladung eine Säuredichte . .	1,17	1,171	1,17	1,17	1,171
am 10. Juni 1928 am Schlusse der Ladung eine Säuredichte	1,20	1,201	1,20	1,20	1,201
Strichzahl, um die die Säure ge-stiegen:	30	30	30	30	30
Bemerkungen: —					
am 11. Juni 1928 vor Beginn der Ladung eine Säuredichte . .	1,175	1,176	**1,17**	1,175	1,176
am 11. Juni 1928 am Schlusse der Ladung eine Säuredichte	1,20	1,20	**1,19**	1,20	1,201
Strichzahl, um die die Säure ge-stiegen:	25	24	**20**	25	25
Bemerkungen: Zelle Nr. 42 gaste nicht.					
am 12. Juni 1928 vor Beginn der Ladung eine Säuredichte . .	1,171	1,17	**1,16**	1,172	1,170
am 12. Juni 1928 am Schlusse der Ladung eine Säuredichte	1,20	1,20	**1,179**	1,201	1,20
Strichzahl, um die die Säure ge-stiegen:	29	30	**19**	29	30

Bemerkungen: Zelle Nr. 42 gaste nicht.

Zelle Nr. 42 ist nicht in Ordnung; denn ihre Säuredichte ist nur um 19, statt um 30 Strich gestiegen; auch gast sie nicht.

In diesem Element sind „Nebenschlüsse" vorhanden, durch die ein Teil des Ladestromes geht, ohne die Platten zu laden. Die Ladung der Platten findet also mit einem schwächeren Strome als in den übrigen Zellen statt; daher das viel geringere Ansteigen der Säuredichte und das Ausbleiben der Gasentwicklung.

D. Die Betriebsliste ergebe für die Stamm-zellen . . . . Nr.	52	53	54	55
am 30. April 1928 vor Beginn der La-dung eine Säuredichte	1,175	1,175	1,18	**1,05**
am 30. April 1928 am Schlusse der La-dung eine Säuredichte	1,20	1,20	1,204	**1,06**
Strichzahl, um die die Säure gestiegen:	25	25	24	**10**

Bemerkungen: Zelle Nr. 55 gaste früher als die übrigen und zeigte gegen Schluß der Ladung eine Spannung von 2,95 Volt.

Zelle Nr. 55 ist nicht in Ordnung. Das sehr niedrige spezifische Gewicht der Säure von 1,06 läßt darauf schließen, daß das betreffende Element längere Zeit unter Kurz- schluß gestanden hat.

Der geringe Anstieg der Säuredichte und die anormal hohe Ladespannung deuten auf Bildung harter, schwer- löslicher Bleisulfatschichten an den Platten als Folge des Kurzschlusses.

E. Es möge laut Betriebsliste die Spannung einer Batterie mit Brettcheneinbau, von der gegen Schluß der Ladung 54 Zellen eingeschaltet sind, 158 Volt betragen.

Dann ist die Ladespannung pro Zelle: $\dfrac{158}{54} = 2,93$ Volt.

Wie bereits in der Einleitung gesagt, beträgt die höchste Ladespannung einer gesunden Batterie mit Brettcheneinbau 2,80 bis 2,85 Volt.

Entweder zeigt das Voltmeter falsch oder die Batterie ist stark sulfatiert, oder sie ist erst vor kurzem in- stalliert worden und hat noch nicht eine genügende Anzahl von Ladungen hinter sich. (In der ersten Zeit, solange noch starke Schaumbildung auf dem Säurespiegel besteht, muß wegen der Positiven länger als normal geladen werden, und es steigt dann die Ladespannung unter Umständen bis auf 3 Volt, ohne daß die Batterie krank ist.)

F. Findet man ferner in der Betriebsliste während vieler aufeinander folgender Tage am Schlusse der Ladung für 54 eingeschaltete Zellen eine Ladespannung von nur 135 Volt, so ergibt dies pro Zelle $\dfrac{135}{54} = 2,5$ Volt statt 2,80 bis 2,85 Volt, immer wieder Brettcheneinbau vorausgesetzt. Dann kann das Voltmeter falsch zeigen, oder es ist zu wenig geladen worden, oder eine Anzahl Zellen steht unter Kurzschluß.

G. Nach den Eintragungen der Betriebsliste stehe am 20. 5. 1928 nach Beendigung der Ladung der richtig gehende Entladezähler auf 1234; am 21. 5. stehe er kurz vor Beginn der Ladung auf 1318. Es seien sämtliche Zellen eingeschaltet, und die Entladespannung der Batterie habe den tiefstzulässigen

Wert von 220 Volt erreicht. Der Zähler zeige Kilowattstunden an, und die garantierte Kapazität des Akkumulators betrage bei fünfstündiger Entladung 500 Ah. Dann sind der Batterie entnommen: $1318 - 1234 = 84$ kWh. Dies sind $\dfrac{84\,000}{220} = 382$ Ah. Da nun aber der Entladezähler bereits auf der letzten Zelle steht, so fehlen $500 - 382 = 118$ Ah oder $23,6\%$ der garantierten Kapazität.

Hieraus kann man auf starke Sulfatation der Platten oder auf Schrumpfen der Negativen oder auf starken Verschleiß der Positiven oder auf Verunreinigung der Säure oder auf Kurzschluß einer Reihe von Zellen oder auf Entnahme eines Stromes schließen, der wesentlich höher als der fünfstündige ist.

H. Eine Batterie besitze Lade- und Entladezähler. Während der Ladung gehe durch den Entladehebel Strom ins Netz. Die Zählerstände seien laut Betriebsliste:

	Entladezähler
kurz nach Beendigung der Ladung am 10. 5. 1928	9242
kurz vor Beginn der Ladung am 11. 5. 1928	9279
Entlad.:	37 kWh

	Ladezähler	Entladezähler
kurz vor Beginn der Ladung am 11. 5. 1928	1260	9279
kurz vor Beendigung der Ladung am 11. 5. 1928. . . .	1320	9282
	Lad.: 60 kWh	Entl.: 3 kWh

Demnach ist die tatsächliche Ladung der Batterie $60 - 3 = 57$ kWh gewesen, und der Wirkungsgrad des Akkumulators ist $\dfrac{100 \cdot 37}{57} = 65\%$. Da aber derselbe, wenn kein höherer als der dreistündige Strom entnommen wird, mindestens 75% betragen muß, so ist entweder unnötigerweise zu viel geladen worden, oder die Zähler zeigen falsch, oder die Säure ist durch Nachkochmetalle verunreinigt, oder die Batterie ist sulfatiert.

2. durch Eichung der Meßinstrumente.

Wie soeben gezeigt, gibt die Betriebsliste nicht immer eindeutigen Aufschluß darüber, ob eine Batterie wirklich krank ist oder was ihr eigentlich fehlt. (S. Prüfung der Betriebsliste, Abschnitte F, G, H.)

Will man sich hierüber informieren, so führen Messungen oder manchmal auch eine genaue Besichtigung des Akkumulators zum Ziele.

Zunächst aber empfiehlt es sich, die zur Batterie gehörigen Volt- und Amperemeter sowie etwa vorhandene Zähler zu eichen.

Wie ein Volt- und Amperemeter mit Hilfe eines Präzisionsinstruments zu eichen ist, soll hier nicht beschrieben werden, da dies heute jeder Maschinist weiß.

Dagegen soll die Eichung von Motorzählern, die fast ausschließlich in den Anlagen anzutreffen sind, genau beschrieben werden, da eine **sehr schnell und mit den einfachsten Hilfsmitteln** zum Ziele führende und dabei **genügend genaue** Methode den Maschinenmeistern meist nicht bekannt ist, so daß dieselben lieber ganz auf die für das Wohlergehen der Batterie hochwertige Zählereichung verzichten.

Eine Motorzählereichung kann innerhalb weniger Minuten mit Hilfe einer Taschenuhr vorgenommen werden.

Zu diesem Zwecke eicht man zunächst die eigene Taschenuhr, indem man sie ans Ohr hält und ihre Schläge zählt, während man den Sekundenzeiger einer anderen Taschenuhr so lange beobachtet, bis er einen Kreislauf zurückgelegt hat, also genau 1 Minute. Haben sich hierbei 150 Doppelschläge ergeben, wie dies fast immer der Fall ist, so bedeutet **ein Doppelschlag**

$$\frac{60}{150} = 0,4 \text{ Sekunden.}$$

Man ist jetzt imstande, mittels **Zählung der Uhrschläge** eine äußerst genaue Zeitmessung auszuführen.

Während der Zählereichung selbst drückt man die geeichte Taschenuhr ans linke Ohr, zählt ihre Schläge, beobachtet gleichzeitig die Umdrehungen der Zählerscheibe und hebt beim jedesmaligen Vorübergehen der Marke einen Finger der rechten Hand.

Das erstmalige Vorübergehen der Marke ist nicht zu zählen, wohl aber von da ab die Schläge der Taschenuhr; am Ende der Messung dagegen ist bei Erscheinen der Marke die Zählung der Taschenuhrschläge sofort abzubrechen, während das letztmalige Vorübergehen der Marke doch noch gezählt werden muß. Hat man also fünf Finger gehoben, so hat die Scheibe ebensoviel Umdrehungen vollendet. (Das richtige Zählen der Taschenuhrschläge in Verbindung mit dem Fingerheben erfordert jedoch einige Übung!) — Während der Beobachtung des Zählers läßt man Strom und Spannung an der Schalttafel einige Minuten lang konstant halten und aufschreiben. Volt- und Amperemeter müssen natürlich richtig zeigen.

Bei sehr starkem Maschinengeräusch läßt sich allerdings die Taschenuhr nicht mehr verwenden, und es muß dann eine Sekundenuhr (ein Handchronograph) beschafft werden. Bei Beginn einer neuen Umdrehung drückt man den Knopf der auf o gestellten arretierbaren Sekundenuhr, wodurch dieselbe anläuft, zählt dann eine beliebige Anzahl Umdrehungen am Zähler und drückt zum 2. Male auf den Knopf. Sofort bleibt die Uhr stehen und gibt genau die Zeit für die Umdrehungen an. Es muß dann bei richtig gehendem Zähler

die vom Zähler angezeigte Belastung gleich
der von Volt- und Amperemeter angegebenen

sein.

Man bezeichnet nun die in Watt- oder Amperestunden ausgedrückte Energiemenge, die eine Umdrehung des Zählers hervorbringt, als Umdrehungskonstante.

Demnach ist

a) für **Wattstundenzähler:**

$$\text{Touren} \cdot \text{Umdrehungskonstante} = \frac{\text{Volt} \cdot \text{Ampere} \cdot \text{Sekunden}}{3600}$$

oder:

$$\frac{\textbf{Touren} \cdot \textbf{Umdrehungskonstante} \cdot \textbf{3600}}{\textbf{Volt} \cdot \textbf{Ampere} \cdot \textbf{Sekunden}} = 1 \ldots \ldots \textbf{A.}$$

b) für **Amperestundenzähler:**

$$\text{Touren} \cdot \text{Umdrehungskonstante} = \frac{\text{Ampere} \cdot \text{Sekunden}}{3600}$$

oder:

$$\frac{\text{Touren} \cdot \text{Umdrehungskonstante} \cdot 3600}{\text{Ampere} \cdot \text{Sekunden}} = 1 \ldots \ldots \text{B.}$$

Geht der Zähler f a l s c h , so ergibt sich ein Wert g r ö ß e r oder k l e i n e r als 1.

Auf der Kappe der einzelnen Zählertypen findet man angegeben:

a) Wattstunden pro 1 Umdr.,

b) Umdrehungen pro 1 Wh oder pro 1 kWh oder pro 1 Ah,

c) Umdrehungen pro 1000 Wmin,

d) Umdrehungen pro Minute bei maximaler Belastung.

Um nun vorstehende Gleichungen A und B für alle soeben genannten Fälle benutzen zu können, muß man die auf der Kappe des Zählers aufgeschriebene Konstante immer auf d i e Energiemenge in Wattstunden oder Amperestunden, die e i n e r Umdrehung entspricht, umrechnen.

Ist z. B. angegeben:

$$1 \text{ Ah} = 2{,}4 \text{ Umdr.,}$$

so entspricht 1 Umdr. $\dfrac{10}{24}$ Ah.

1. B e i s p i e l :

Auf einem Zähler für max. 10 Amp. stehe:

$$1 \text{ Amperestunde} = 333 \text{ Umdr.}$$

Dann ist eine Umdrehung $= \dfrac{1}{333}$ Ah. Es seien 30 Doppelschläge der Taschenuhr gezählt und nacheinander während des Zählers alle fünf Finger der rechten Hand gehoben worden. Das bedeutet fünf Umdrehungen der Scheibe während $30 \cdot \dfrac{4}{10} = 12$ Sek. Der Strom habe 4,2 Amp. betragen. Dann ist nach Gleichung B:

$$\frac{5 \cdot 3600}{4{,}2 \cdot 12 \cdot 333} = 1{,}071.$$

Der Zähler zeigt demnach 7,1% zu viel an. Liest man also nach einer Batterieentladung mit ca. 4,2 Amp. 30 Ah ab, so sind dies tatsächlich:

$$\frac{30}{1{,}071} = 28 \text{ Ah.}$$

2. Beispiel:

Auf Zählern System Siemens-Schuckert findet man als Umdrehungskonstante die maximale Tourenzahl angegeben, die dieselben bei voller Belastung ausführen sollen. Trägt z. B. ein Wattstundenzähler für 5 Amp. und 110 Volt die Aufschrift: 550 · 51,3, so heißt das: der Zähler macht bei einer Vollbelastung von 550 Watt 51,3 Umdrehungen pro Minute.

Bei der Prüfung seien nun bei einer Belastung von 450 Watt 20 Doppelschläge gezählt und fünf Finger gehoben worden.

Das bedeutet fünf Umdrehungen in $20 \cdot \dfrac{4}{10} = 8$ Sek. Dann

führt der Zähler pro Minute $\dfrac{5}{8} \cdot 60 = 37,5$ Touren aus, während

er $\dfrac{51,3 \cdot 450}{550} = 41,9$ Touren machen sollte.

Der Zähler zeigt also um $\dfrac{41,9 - 37,5}{41,9} \cdot 100 = 10,5\%$ zu

wenig an.

Es genügen bei diesem Eichverfahren 5 bis 10 Umdrehungen der Scheibe, um ein brauchbares Resultat zu erhalten.

Bei Vorhandensein eines Handchronographen empfiehlt es sich, wenigstens 100 Sekunden lang die Umdrehungen des Zählers zu beobachten, da dann eine noch größere Genauigkeit des Resultats zu erwarten ist; außerdem verursacht diese längere Dauer der Eichung nicht die mindesten Schwierigkeiten.

Die Zählereichung ist bei Wattstundenzählern mit den Strömen und Spannungen, bei Amperestundenzählern nur mit den Strömen vorzunehmen, die bei Entladung oder Ladung einer Batterie in Frage kommen.

Es ist also unter Umständen bei Entladezählern eine Eichung bei 2 oder 3 Stromstärken, bei Wattstunden-Ladezählern eine solche bei mehreren Spannungen mit dem zugehörigen Ladestrom erforderlich, da ja gegen Ende der Ladung die Spannung beträchtlich steigt.

3. durch Wasserstoffgas-Messung.

Hat die Eichung der Meßinstrumente ergeben, daß sie richtig zeigen, so empfiehlt es sich, die Batterie zunächst einmal im Ruhezustande daraufhin zu beobachten, ob

etwa bei allen oder wenigstens bei einigen Zellen am Säurespiegel dauernd Gasblasen aufsteigen, so daß es den Anschein
hat, als werde der Akkumulator geladen. Ist dies der Fall,
so ist die Säure durch Nachkochmetalle verunreinigt (siehe
Fall 28). Es tritt dann im Innern der fraglichen Elemente
eine nutzlose Selbstentladung auf; man kann nicht mehr die
garantierte Kapazität entnehmen.

Fängt man nun das aufsteigende Gas durch die Vorrichtung
Abb. 37 auf, so kann man feststellen, wieviel Kubikzentimeter Wasserstoffgas in solch einer kranken Zelle in einer gewissen Zeit
von den Negativen entwickelt
werden. Man ist dann imstande,
die in einer bestimmten Anzahl
Stunden verlorengehenden Amperestunden mit Hilfe nachstehen-

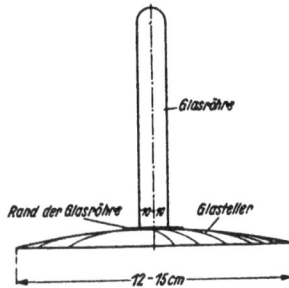

Abb. 37.

der Tabelle[1]) zu berechnen, wenn man annimmt, daß die
Temperatur des aufgefangenen Gases 20° C beträgt.

1 Ah entwickelt Kubikzentimeter Wasserstoffgas	
bei einem Barometer-stand von	und 20° C Gastem-peratur
700 mm	487
710 ,,	480
720 ,,	473
730 ,,	467
740 ,,	461
750 ,,	455
760 ,,	450
770 ,,	442

[1]) Obige Zahlenwerte erhält man wie folgt:
Es entwickelt 1 Ah 0,03739 g Wasserstoffgas. Sein spez. Gewicht
ist 0,0000896. Demnach erzeugt 1 Ah $\frac{0,03739}{0,0000896} = 417$ cm³ Wasserstoffgas, und zwar bei einem Barometerstande von 760 mm und 0° C
Gastemperatur. Bei t° C Gastemperatur und b mm Barometerstand ergibt sich dann nach dem kombinierten Mariotte-Gay-Lussacschen Ge-

6*

Da nun die Gastemperatur nicht genau bekannt, die Wasserstoffgasentwicklung nicht an allen Stellen der zu untersuchenden Zelle dieselbe und auch nicht in allen kranken Zellen die gleiche ist, da sie ferner im Laufe der Zeit an Stärke abnimmt, so ist natürlich keine hohe Genauigkeit der Messung zu erwarten. Man kann deshalb auch z. B. statt 735 mm Barometerstand 730 oder 740 mm setzen und hierfür aus vorstehender Tabelle die Kubikzentimeter Wasserstoffgas entnehmen; das Resultat ist für die Praxis trotzdem genau genug.

Zur Messung des aufsteigenden Wasserstoffgases benutzt man am besten eine oben geschlossene Glasröhre mit breitem Rand an der Öffnung und einem Inhalte von ca. 10 cm³, die man auf einen Glasteller von 12 bis 15 cm Durchmesser aufsetzt, der in der Mitte ein Loch vom innern Durchmesser der Röhre besitzt (Abb. 37).

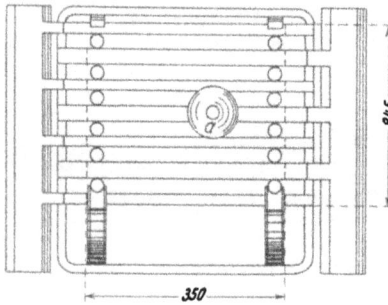

Den Teller *a* setzt man ungefähr in die Mitte des zu untersuchenden Elements (Abb. 38), füllt die Röhre gleich in der Zelle mit Säure und stellt sie auf das Loch des Tellers, ohne aber vorher mit dem offenen Ende der Röhre aus der Säure herauszukommen, da sonst die Flüssigkeit ausläuft. — Das aufsteigende Gas verdrängt nun die Säure in der Röhre, und es läßt sich ablesen, wieviel Kubikzentimeter Wasserstoffgas aufgefangen wurden. Zu Beginn der Messung liest man die Zeit ab, ebenfalls auch dann, sobald die Röhre

Abb. 38.

---

setze das Wasserstoffvolumen in Kubikzentimetern für 1 Ah aus der Gleichung:

$$417 : V_z = \frac{273}{760} : \frac{273 + t}{b}$$

$$V_z = 1160 \, \frac{273 + t}{b}.$$

gerade 10 cm³ Gas enthält. Da nun sowohl die Fläche des Glastellers bekannt ist, als auch die Gesamtfläche, aus der das aufsteigende Gas austritt, so kann man sofort berechnen, wieviel Kubikzentimeter Gas alle Negativen abgeben.

Beispiel: Die Gesamtaustrittsfläche eines Elements von 2268 Ah dreistündiger Kapazität betrage 350 · 845 mm² (Abb. 38); der Glasteller der Meßvorrichtung habe 12 cm Durchmesser; der Barometerstand sei 757 mm.

Fünf Stunden nach Beendigung der Ladung messe man 10 cm³ Gas während einer Minute. (Während man das Gas auffängt, darf die Batterie weder geladen noch entladen werden!) Die Messung werde sofort mehrmals wiederholt und ergebe stets das gleiche Resultat. — 5 Stunden später werden wieder 10 cm³ Gas abgemessen, und es mögen sich 2 Min. Zeitdauer ergeben, nach weiteren 5 Stunden 3 Minuten, nach abermals 5 Stunden 4 Minuten und schließlich nach wieder 5 Stunden kurz vor Beginn der Ladung 5 Minuten. Demnach sind 10 cm³ Gas im Mittel in $\dfrac{1+2+3+4+5}{5}$ = 3 Minuten entwickelt worden.

Die gesamte Gasaustrittsfläche ist 35 · 84,5 = 2960 cm²; die Fläche des Glastellers beträgt 113 cm². Demnach entwickeln sämtliche Negativen der betreffenden Zelle $\dfrac{2960 \cdot 10}{113}$ = 262 cm³ Gas in 3 Minuten oder in einer 87 cm³.

Es werden daher von Ladung zu Ladung bei einer Zwischenpause von 5 · 5 = 25 Stunden 25 · 60 · 87 = 130000 cm³ Wasserstoffgas von den Negativen erzeugt, und es gehen also durch Selbstentladung derselben $\dfrac{130000}{450}$ = 290 Ah oder $\dfrac{290}{2268}$ · 100 = 12,8% der garantierten Kapazität verloren.

Es wird natürlich um so mehr verlorengehen, je größer die Pausen zwischen den einzelnen Ladungen sind.

Treten deshalb Nachkocherscheinungen bei Batterien auf, die nur sehr wenig entladen und infolgedessen auch erst nach 8 oder 14 Tagen wieder geladen werden (Telephon- und Telegraphenbatterien), so spielt natürlich schon ein Verlust

in Amperestunden von wenigen Prozenten eine erhebliche
Rolle. Ist z. B. innerhalb 24 Stunden ein Verlust von $3^0{}_0$
gemessen worden und findet Ladung nach 10 · 24 Stunden
statt, so wird der Akkumulator um 10 · 3 = 30 % nutzlos
entladen, und nur 70 % der garantierten Kapazität können
nutzbar entnommen werden. Es müssen dann die Nachkochmetalle unter allen Umständen beseitigt werden.

Wird dagegen eine Batterie beinahe alle Tage geladen, und
es tritt in 24 Stunden 1 bis $2^0{}_0$ Verlust auf, so ist dies praktisch ohne Belang. Man nehme an dieser Batterie nichts vor.

4. durch Schlamm-Messung, Besichtigung des Schlammes und der Bleimäntel.

Hat es sich herausgestellt, daß an der zu untersuchenden
Batterie keine oder nur unwesentliche Nachkocherscheinungen auftreten, laut Betriebsliste aber Wirkungsgrad oder
Kapazität der Batterie viel zu gering sind, so lädt man den
Akkumulator am besten bis zur vollen Gasentwicklung an
beiden Plattensorten (milchiges Aussehen der Säure'),
schaltet dann den Ladestrom aus und entnimmt dem Akkumulator keine Energie. Wenn nach ca. 10 bis 15 Minuten jede
Gasentwicklung aufgehört hat, fährt man wieder auf Ladung.
Dann erkennt man nach ca. 2 Minuten ohne weiteres die Zellen,
welche entweder überhaupt kein Gas entwickeln oder gegenüber den gesunden nur geringe Gasentwicklung zeigen. Die
Nummern dieser verdächtigen Elemente werden notiert,
worauf man den Ladestrom wieder abstellt. Jetzt sind diese
Zellen genau daraufhin zu untersuchen,

    1. ob ihre Platten im Schlamm stehen,
    2. ob eine die Platten kurzschließende Verbindung vor-
       handen ist.

Sind die Platten in Glasgefäße eingebaut, so braucht man,
wie Abb. 39 zeigt, nur die Ableuchtlampe zwischen die Glasgefäße einzuführen; man sieht dann ohne weiteres, ob der
Schlamm die Platten berührt.

Schwieriger ist es, die Schlammhöhe in solchen Elementen
zu bestimmen, deren Platten in Holzkasten eingebaut sind.
Die Untersuchung geschieht hier zweckmäßig mittels Holz-

winkels (Abb. 40). Diesen stellt man sich aus einem runden Holzstabe her, der mindestens 25 cm länger sein muß, als die Zellen innen hoch sind, dessen Dicke jedoch etwas geringer als der Plattenabstand zu wählen ist. An diesem befestigt man rechtwinklig einen Holzspan von 10 bis 15 cm Länge und ca. 2 cm Höhe.

Man führt diese Vorrichtung zwischen die Platten nach Entfernung eines Brettes und Hochziehen einiger benachbarten Bretter oder nach Beseitigung einiger Glasrohre aus

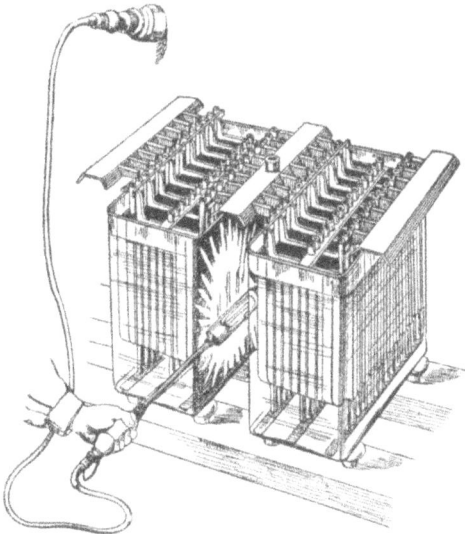 

Abb. 39.   Abb. 40.

der Mitte des Elements — so tief ein, bis man den Schlamm berührt (Abb. 41), und mißt von Plattenoberkante ab das hervorstehende Stück Stab mittels Zollstocks. Darauf hebt man den Holzwinkel und dreht ihn gleichzeitig um 90°, so daß er an die Plattenunterkante anstoßen muß (Abb. 42). Hierauf mißt man abermals das vorstehende Stabende. Man habe zuerst 29 und dann 30 cm gemessen und h (s. Abb. 40) betrage 1 cm; dann ist der Abstand des Schlammes von Plattenunterkante $30 - 29 + 1 = 2$ cm. In diesem Falle berührt der Schlamm noch nicht die Platten.

Kann man jedoch den Winkel überhaupt nicht mehr drehen, weil nicht mehr genügend Platz zwischen Plattenunterkante und Schlamm ist, so stehen die gewachsenen

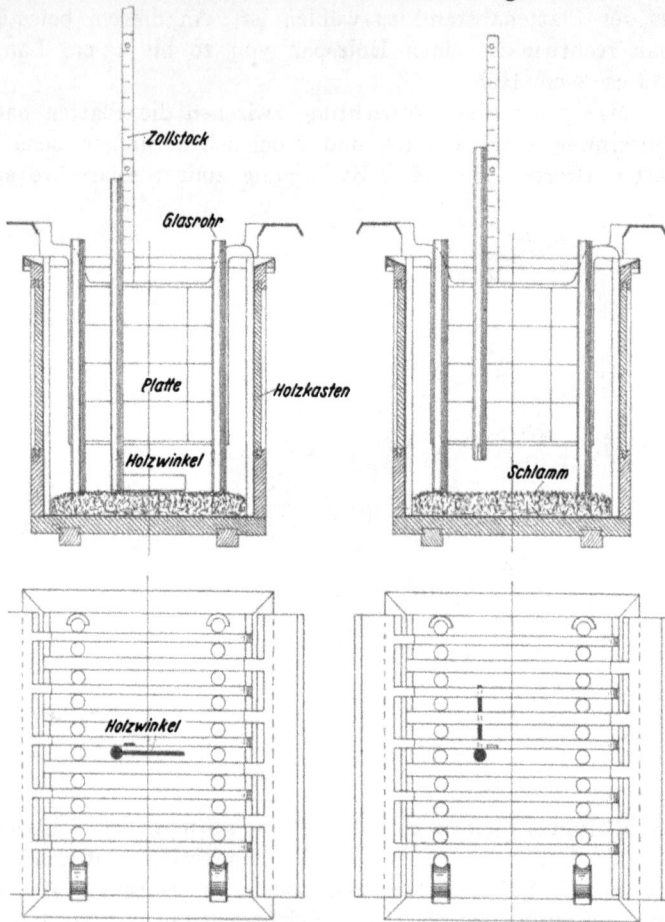

Abb. 41.   Abb. 42.

positiven Platten im Schlamm oder berühren ihn doch wenigstens beinahe. Sehr selten ist dies auch bei den negativen Elektroden der Fall, obwohl sie ihre Dimensionen nicht im geringsten ändern.

Will man feststellen, ob eine Positive tatsächlich im Schlamm steht, so braucht man nur ein Voltmeter für max. 3 Volt an die betreffende + Platte und den Bleimantel der Zelle anzulegen. Zeigt es nahezu 0 Volt an, so steht die Platte im Schlamm, oder sie hat irgendwie Verbindung mit demselben[1]).

Der meiste Schlamm befindet sich in den Zuschaltzellen zwischen Lade- und Entladehebel, falls bei Ladung durch den Entladeschlitten Strom ins Netz gesendet wird (s. Fall 12).

Weniger Schlamm, aber in sämtlichen Zellen nahezu in gleicher Menge, lagert sich in den Stammzellen ab. Die Höhe des hier befindlichen Schlammes in Verbindung mit der Zeit, in der er sich gebildet hat, läßt einen sicheren Rückschluß auf die Beanspruchung der Batterie zu.

Ganz unerhebliche Ablagerung von Masseteilchen der Positiven findet infolge geringer Entladung in den ersten Schaltzellen statt.

Gelangt man bei einer Schlamm-Messung in einer ungenügend gasenden Stammzelle mit dem Holzwinkel nicht unter die Platten, so ist es unbedingt erforderlich, auch einen Teil der gut gasenden Stammelemente auf Höhe des Schlammes zu untersuchen, da es doch wahrscheinlich ist, daß in der Stammbatterie der Schlamm sich schon in großer Nähe der Platten befindet. Stellt es sich hierbei aber heraus, daß dies nicht der Fall ist, so muß man Fremdkörper (hochkantstehende Plattenstücke usw.) in der kranken Zelle vermuten, welche die Verbindung mit dem Schlamm herstellen.

Die Besichtigung des Schlammes sowie der mit ihm in Verbindung stehenden Bleimäntel gibt manchen wertvollen Aufschluß über Wartung und Beanspruchung des Akkumulators:

a) **Der Schlamm ist braun und lose;** er hat sich in großen Mengen in kurzer Zeit gebildet.

---

[1]) Stehen die Platten nicht im Schlamm, so mißt man in der Regel:

— Platte	Bleimantel	0,73 Volt
+ ,, ...	,,	1,35 ,,
	Sa. = Ruhespannung:	2,08 Volt

Ursache: Entweder ist fortgesetzt viel zu lange bei starker Gasentwicklung geladen worden (starke Bleischwamm-Ablagerung auf dem Rücken der Negativen!), oder es hat dauernd sehr starke Beanspruchung der Batterie stattgefunden.

b) **Der Schlamm hat graue Farbe und ist fest.**

Ursache: Die Negativen haben seit längerer Zeit durch einen herabgefallenen Bleibügel Verbindung mit dem Schlamm oder mit dem Bleiausschlag des Holzkastens, oder Fahnen einzelner Negativen berühren ihn, so daß der Schlamm bei Ladung negativ formiert wird. Dann nimmt er einen wesentlich größeren Raum ein als der in den Zellen, die sich in Ordnung befinden. Nachlässige Wartung.

c) **Brauner Bleimantel.**

Ursache: Ist positiv formiert infolge Verbindung der Positiven mit dem Bleiausschlag des Kastens. Nachlässige Wartung.

5. durch Untersuchung einzelner Zellen auf Kurzschluß.

Handelt es sich um einzelne Glaszellen, bei denen man durch äußere Besichtigung einwandfrei festgestellt hat, daß beide Plattensorten im Schlamme stehen, so ist eine weitere Untersuchung auf Kurzschluß unnötig.

In jedem andern Falle aber muß sie in Verbindung mit der Schlamm-Messung sofort bei den Zellen ausgeführt werden, die am Schlusse der Ladung gar nicht oder nur mangelhaft gasen, bzw. eine niedrigere Ladespannung zeigen als die gesunden.

Jedes Werk ist zu dieser Untersuchung verpflichtet, solange die Batterie unter Garantie oder Versicherung steht.

Aber auch in dem Falle, daß sämtliche Reparaturkosten zu Lasten des Batteriebesitzers gehen, kann das sofortige Aufsuchen der Kurzschlußstellen nicht dringend genug empfohlen werden, da andernfalls über kurz oder lang bedeutende Unkosten durch Neuanschaffung verdorbener Zellen entstehen.

Da nun in den meisten Fällen vom Bedienungspersonal die Untersuchung eines Elements auf Kurzschluß ganz planlos vorgenommen wird (meist wird nur mit einem ganz ungeeigneten Holzstab in der Zelle herumgestochert), so soll in folgendem eine bewährte Methode erläutert werden.

Bei Einbau der Platten mit Holz- oder Hartgummi-Scheidewänden in Holzkasten ist, dies sei voraus bemerkt, eine Kontrolle des Zelleninnern auf Kurzschluß mittels einer elektrischen Lampe ganz ausgeschlossen, bei Glasrohreinbau auch nach Einführung einer Untersäurelampe außerordentlich mühevoll und zeitraubend, trotz deren hoher Leuchtkraft, ja bei hochstehendem Schlamm und vielen Plattenpaaren überhaupt nicht durchführbar.

Deswegen ermittelt man gleich von vornherein in jedem Falle Kurzschlußstellen am besten mit Hilfe eines Kompasses, der eine kurze gedämpfte Nadel besitzt[1]), und zwar bei **Ladung** der Batterie. (Dieses Verfahren wurde zuerst von Oberingenieur Dr. Beckmann, Berlin, angegeben,)

Aus Abb. 43 erkennt man den Verlauf der einzelnen Ladeströme in einem kurzgeschlossenen Element; sie vereinigen sich an den Platten C und D, zwischen denen die Kurzschlußstelle k liegt. Dort findet

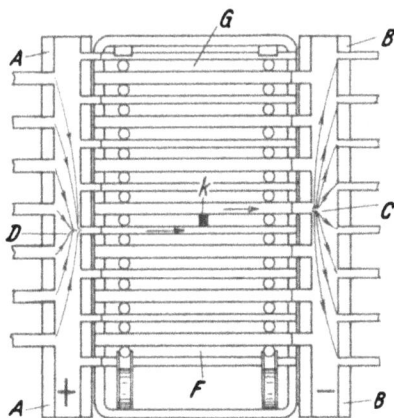

Abb. 43.

gleichzeitig eine Richtungsänderung dieser Ströme statt und demnach auch eine solche im Kraftlinienfelde, das sie erzeugen.

Schiebt man nun einen Kompaß die Bleileiste ADA oder BCB (Abb. 43) entlang, so wird die Magnetnadel nicht nur durch die Richtkraft des Erdmagnetismus, sondern auch durch das Kraftlinienfeld der Ladeströme beeinflußt. Sind sie sehr stark, so wird die Magnetnadel dort, wo diese

---

[1]) Die Akkumulatoren-Fabrik A.-G., Berlin, liefert den Kurzschlußfinder mit Flüssigkeits-Dämpfung, um alle Schwankungen der Nadel beim Verschieben des Kompasses auszuschalten.

Ströme und damit deren Feld die Richtung ändern, also bei C oder D, umschlagen. Ist der Kurzschluß zwischen den Plattenpaaren F oder G, so zeigt die Nadel nur einen maximalen Ausschlag!

Zunächst setzt man den Kompaß auf das Ende der Bleileiste A oder B, damit er vor einer Beeinflussung durch die Ausgleichsströme sicher ist. An der Gradteilung des Kompasses merkt man sich die Richtung der Nadel. Darauf schiebt man ihn auf einem Streifen Pappe vorsichtig und langsam die Leiste entlang. (Das Zittern der Nadel ist belanglos.) Schlägt die Nadel um, oder ist das Maximum ihres Ausschlages kurz andauernd, also scharf ausgeprägt, so hat man ohne weiteres das unter Kurzschluß stehende Plattenpaar gefunden. Der Sicherheit halber schiebt man dann den Kompaß auch noch einmal auf der anderen Leiste des betr. Elements entlang. Es muß sich dann die Kurzschlußstelle an demselben Plattenpaar zeigen.

Starke Kurzschlüsse lassen sich übrigens ohne jedes Instrument ihrer Lage nach bei Ladung der Batterie bestimmen, wenn man die einzelnen Fahnen mit den Fingern befühlt. Dort, wo sich (infolge Überlastung) deutlich die Erwärmung einer Fahne bemerkbar macht, ist der Kurzschluß.

Man nimmt an der verdächtigen Stelle zuerst eine äußere, dann eine innere Besichtigung vor.

Damit man nun weiß, worauf zu achten ist, seien im folgenden die bestehenden

„Kurzschlußmöglichkeiten"

durch Wort und Bild erläutert.

a) Äußere Besichtigung. (In einem dunklen Raume empfiehlt es sich, die Akkumulatorenraumlampe mit Blende zu Hilfe zu nehmen.)

1. Man sehe sich die Ränder der Gläser oder Stützscheiben an, auf denen die Plattenfahnen aufliegen, ob nicht etwa feine Fädchen Lötblei (Abb. 44) oder Fremdkörper — Blei usw. — (Abb. 45) einen Schluß k zwischen positiven und negativen Platten herstellen.

2. Ferner achte man bei Glasrohreinbau auf die Stellung der Rohre. Sie müssen nämlich genau senkrecht stehen und

nicht so, wie in Abb. 46, wodurch die Möglichkeit einer Platten-
berührung bei k gegeben ist.

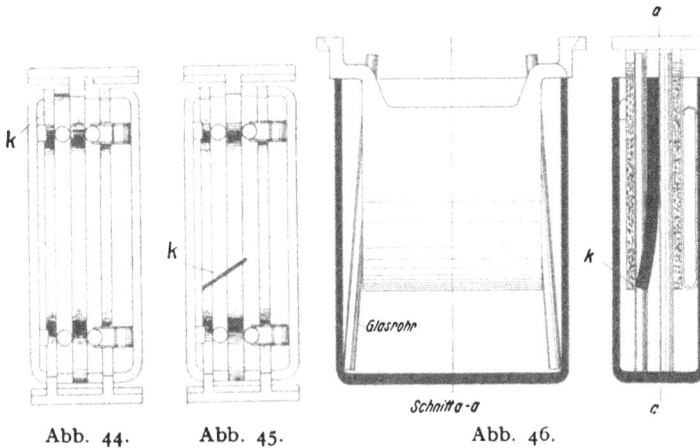

Abb. 44.   Abb. 45.   Abb. 46.

3. Die Fahnenreihen überblicke man von oben, um zu
sehen, ob sich etwa infolge stark gekrümmter Positiver die
Fahnen bei k berühren (Abb. 47).

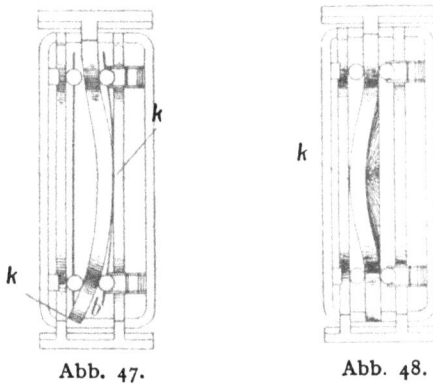

Abb. 47.   Abb. 48.

4. Auch besichtige man die Platten an der Oberkante,
weil die Positiven dort vielfach stark gekrümmt sind und deshalb die Negativen bei k berühren (Abb. 48).

Bei Holzbrettcheneinbau achte man ganz besonders darauf, ob nicht etwa die scharfe Plattenkante das Brettchen b

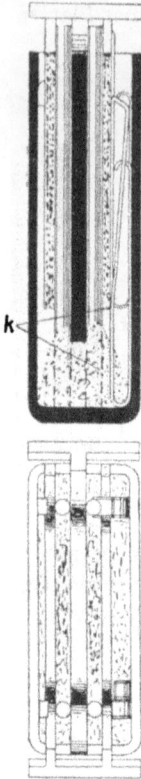

durchgedrückt hat, wodurch gleichfalls bei k_1 Kurzschluß entsteht (Abb. 47).

5. Man richte sein Augenmerk auch darauf, ob etwa ein Bleibügel in eine Zelle gefallen ist und bei k die Negative und den Schlamm berührt (Abb. 49 und 50); denn auch diesem Umstande kann das Nichtfunktionieren des betreffenden Elements zuzuschreiben sein, falls ein oder mehrere Positive im Schlamme stehen.

6. Man besehe sich ferner die Stellen, wo die Bleimäntel zweier benachbarter Elementreihen unmittelbar nebeneinanderliegen (Abb. 51) und schenke den Bleimänteln unter den Bleileisten ganz besondere Aufmerksamkeit (Abb. 52), da in beiden Fällen dort leicht Fremdkörper eine leitende Brücke k bilden und Kurzschluß der betreffenden Zellen hervorrufen können, wie durch die eingezeichneten Strompfeile angedeutet.

7. Die Tragfahnen der Plattensätze, die mit ihren Bleileisten an nach der Decke führende Leitungen angeschlossen sind, revidiere man daraufhin, ob sie nicht etwa den Bleimantel einer Zelle berühren. Hat sich nämlich eine Batterie infolge zu weichen Fußbodens bei A gesenkt (Abb. 53), so be-

Abb. 49.

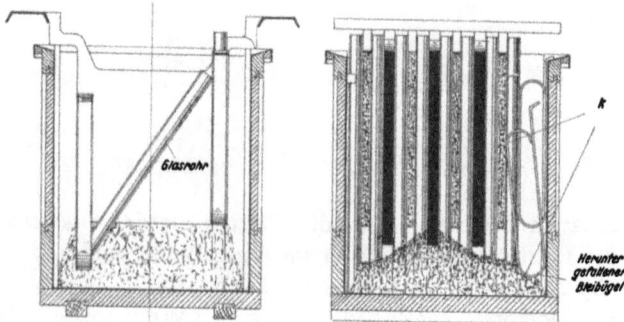

Abb. 50.

steht die Möglichkeit, daß eine unnachgiebige Zellenschalterleitung usw. einen positiven oder negativen Plattensatz bei *s*
anhebt, so daß die weit über die Stützscheibe hinaus-
ragenden Tragfahnen infolge einer kleinen Drehung mit
dem Bleimantel in Berührung kommen können; bei kurzen

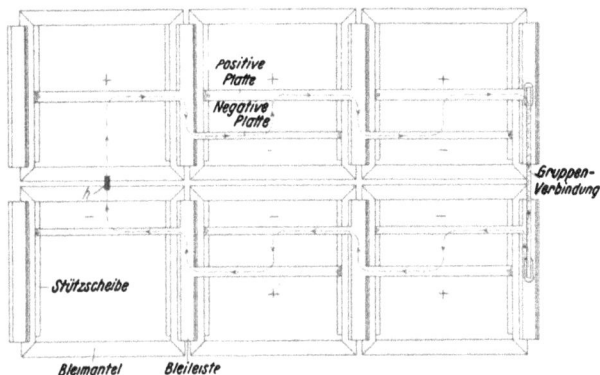

Abb. 51.

Tragfahnen kann dies aber auch eintreten, wenn eine Ecke
der gläsernen Stützscheibe bei *b* (Abb. 53) infolge der Ver-
schiebung eines Plattensatzes abplatzt. Es hat dann natürlich

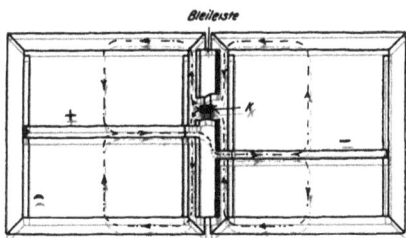

Abb. 52.

meist nur eine Endnegative Kontakt mit dem Mantel bei *k*.
Steht nun eine gewachsene Positive im Schlamm, so hat betreffende Zelle Kurzschluß.

8. Man kontrolliere ferner, ob nicht etwa ein Fremdkörper *k* den Bleimantel und gleichzeitig eine Plattenfahne
ein und derselben Zelle berührt (Abb. 54). Kurzschluß ist auch
hier nur möglich, wenn Positive im Schlamme stehen.

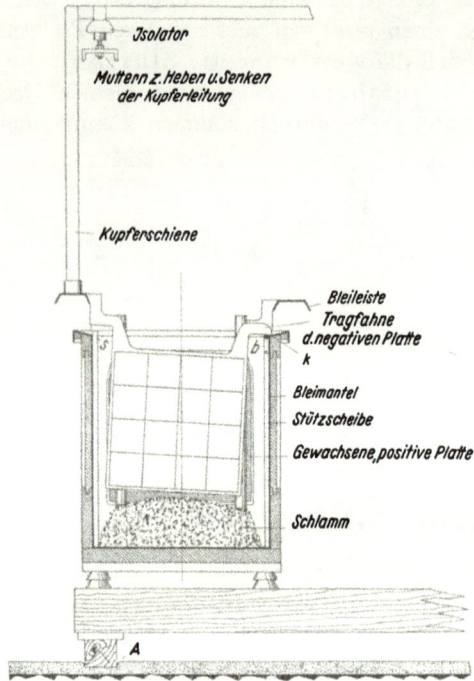

Isolator

Muttern z. Heben u. Senken
der Kupferleitung

Kupferschiene

Bleileiste
Tragfahne
d. negativen Platte
k

Bleimantel

Stützscheibe

Gewachsene, positive Platte

Schlamm

A

Abb. 53.

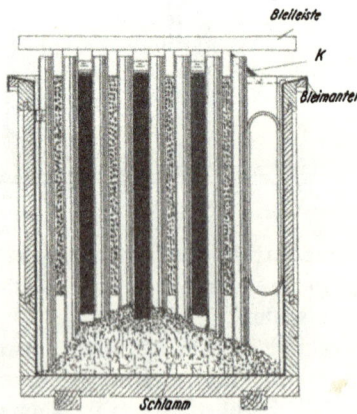

Bleileiste

K

Bleimantel

Schlamm

Abb. 54.

Hat die äußere Besichtigung nicht zum Ziele geführt, so muß man versuchen, die Kurzschlußstelle

b) durch **innere** Besichtigung zu entdecken.

An der verdächtigen Stelle ziehe man 1, 2 oder 3 benachbarte Bretter sowie alle Glasrohre; den Kompaß läßt man dort, wo er den maximalen Ausschlag gezeigt hat, ruhig liegen.

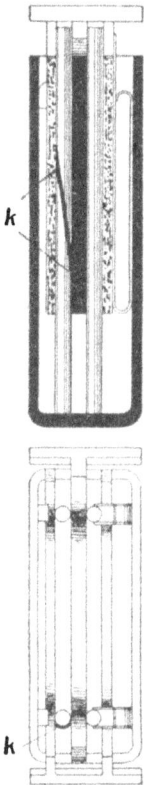

Bei großen Platten macht vielfach das Herausnehmen der Brettchen Schwierigkeiten, da einesteils dieselben durch gekrümmte Positive festgeklemmt werden, andernteils die Seitenstäbchen, an denen man zieht, an der Stelle, wo sie aus der Säure an die Luft treten, morsch sind und darum brechen. Man hilft sich am besten dadurch, daß man zwei neue Mittelstäbe, die wohl in jeder Anlage als Reserve vorhanden sind, von oben auf das Brettchen schiebt. Mit Hilfe der beiden neuen Stäbchen, die wie eine Zange wirken, kann man dann das Brettchen bequem ausheben. Auch mit zwei dünnen Holzlinealen läßt es sich festklemmen und entfernen.

9. Jedem herausgezogenen Brettchen ist besondere Aufmerksamkeit zu widmen. Fehlt eine Ecke oder findet sich ein Loch, so wird an der entsprechenden Stelle der Platten der Kurzschluß zu suchen sein.

Abb. 55.

Abb. 56.

10. Herausgezogene Hartgummiplatten sehe man sich gleichfalls darauf an, ob nicht eine Ecke abgebrochen ist.

11. Bei herausgezogenen Glasrohren achte man besonders auf feine Fädchen Lötblei oder auf anhaftende Masse (Abb. 55).

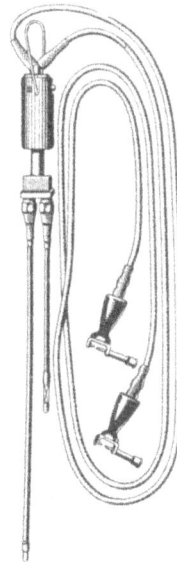

Vielfach ist schon nach Entfernung einzelner Glasrohre oder Bretter an der verdächtigen Stelle bereits der Kurz-schluß beseitigt. Die Kompaßnadel zeigt dies sofort dadurch an, daß sie in die Nord-Süd-Richtung zu-rückschnellt.

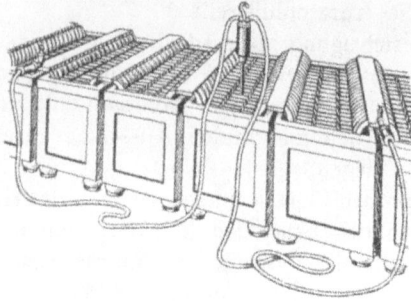

Abb. 57.

Bleibt der Kurzschluß aber bestehen, so muß man eine Unter-säurelampe (Abb-56), die direkt von einigen Zellen der zu untersuchenden Batterie gespeist wird (Abb. 57), zwischen die frag-lichen Platten ein-führen. Diese Lam-pe darf aber nur unter Säure ein- und ausgeschaltet werden. Derartige Lampen werden von Ing. Hoffmann, Leipzig, geliefert.

12. Man suche durch Ableuchten der einzelnen Plat-tenpaare festzustel-len, ob etwa ein-zelne positive Plat-ten sich unten (Abb. 58) oder in der

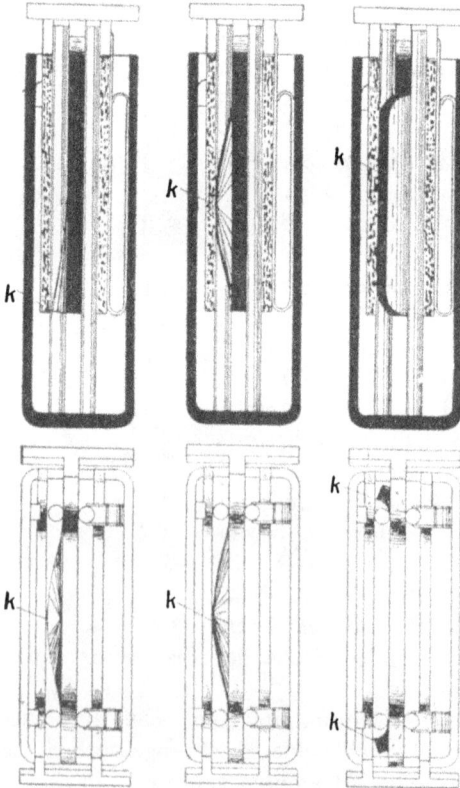

Abb. 58.   Abb. 59.   Abb. 60.

Mitte (Abb. 59) so stark ausgebaucht haben oder um die Glasrohre so weit herumgewachsen sind (Abb. 60), daß sie bei *k* die benachbarte negative Platte berühren.

13. Beim Ableuchten achte man ganz besonders auf umgefallene Glasrohre, an denen sich leicht Masseteilchen festsetzen (Abb. 61), oder auf Masseblöckchen, die aus den negativen Gitterplatten ausgetreten sind (Abb. 62), da sie alle eventuell Schluß mit den Positiven bei *k* herbeiführen können.

In seltenen Fällen sind in Elementen mit Holzbrettcheneinbau verschiedene kleine „Nebenschlüsse" vorhanden, die man nicht eigentlich als Kurzschlüsse bezeichnen kann. Diese Nebenschlüsse bewirken, daß die betreffenden Elemente wesentlich später als die übrigen gasen. Hier zeigt der Kompaß zwar ebenfalls

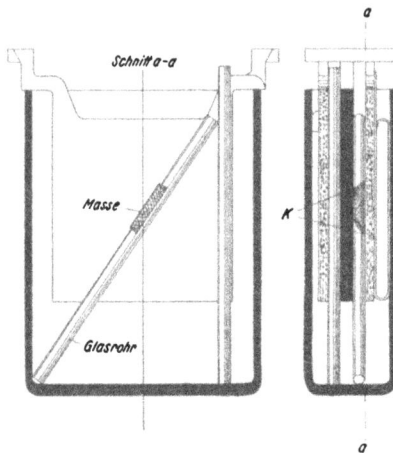

Abb. 61.   Abb. 62.

ein Maximum der Abweichung aus der Null-Lage; jedoch ist es nicht kurz andauernd und scharf ausgeprägt, sondern hält oft über die halbe Länge der Leiste an. Hier sind die Platten, welche eine Überbrückung besitzen, nicht leicht oder überhaupt nicht herauszufinden. Das Herausnehmen einer ganzen Reihe von Brettern usw. oder aller Bretter ist nutzlos. (Beseitigung s. Kapitel III, Abschnitt 1.)

7*

6. durch Prüfung des Isolationszustandes der Batterie.

Wenn eine Batterie nicht die garantierte Kapazität oder den vorschriftsmäßigen Wirkungsgrad hat, so kann auch entweder ihr eigener mangelhafter Isolationszustand oder der ihrer Zellenschalterleitungen daran schuld sein. Er muß dann aber schon sehr schlecht sein, wenn eine in Frage kommende nutzlose Entladung des Akkumulators stattfinden soll; deshalb ist dieser Fall ungemein selten.

Trotzdem wird man bei einer systematischen Untersuchung der Batterie auf eine Prüfung ihres Isolationszustandes nicht verzichten dürfen und daher zweckmäßig

a) die Zellenschalterleitungen und den einen Außenleiter,
b) das Holzgestell,
c) die Gruppenverbindungen

eingehend untersuchen.

a) Zunächst prüfe man die Zellenschalterleitungen entweder nach der in Einleitung, Abschnitt 8, beschriebenen Methode oder der Reihe nach mittels Kompasses bei doppelpolig abgeschalteter Batterie, und zwar immer in möglichster Nähe der Zelle, von der die betreffende Leitung ausgeht. (Man bringe den Kompaß aber nicht etwa auf die Bleileiste oder ganz in ihre Nähe, da sonst eine etwaige Ablenkung auch von einer Selbstentladung im Innern des fraglichen Elements herrühren könnte!) Schlägt der Kompaß jetzt aus oder um, so geht Strom durch die Leitung. Diese Zellenschalterleitung ist hierauf einer ganz genauen Besichtigung zwecks Feststellung des Isolationsfehlers zu unterziehen.

Schlägt an einer Leitung der Kompaß aus, so muß auch noch eine andere Zellenschalterleitung oder der eine der beiden Außenleiter bis zum Ausschalter an ein oder mehreren Stellen Erdschluß besitzen. Findet man jedoch bei Untersuchung der übrigen Leitungen, daß diese in Ordnung sind, so kann die Fehlerstelle nur in der Batterie selbst liegen. Man führe dann die im folgenden beschriebene Messung aus, deren Prinzip zunächst erläutert werden soll.

Angenommen, man habe in einer Anlage 120 hintereinander geschaltete Zellen mit einer Ruhespannung von 246 Volt, die doppelpolig vom Netze getrennt sind. Dann findet von Element zu Element ein Spannungsabfall von ca. 2,05 Volt statt. Es würde nun, falls man einmal von dem Vorhandensein eines Isolationsfehlers absieht, die Spannungsdifferenz zwischen Element Nr. 1 und Element Nr. 120 ca. 246 Volt betragen. Liegt dagegen bei Zelle Nr. 20 ein Isolationsfehler, so ist an diesem Punkte die Spannung Null; am positiven Endpol der Batterie wird man nunmehr die Spannungsdifferenz + 41 Volt, am negativen — 205 Volt gegen Erde messen.

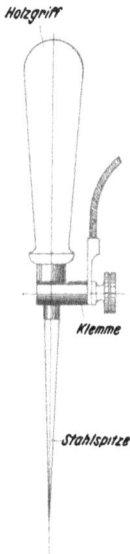

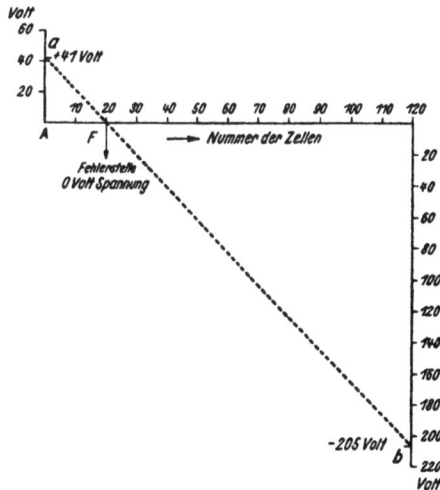

Abb. 63.   Abb. 64.

Legt man daher den einen Pol eines Präzisions-Voltmeters (Deprez d'Arsonval), das die volle Ruhespannung der Batterie zu messen gestattet, an die Wasser- oder Gasleitung und verbindet die Drahtleitung des andern Pols mit einer Spitze (Abb. 63), so kann man durch Einstechen in die Leiste des Elements Nr. 1 resp. 120 die Spannungsdifferenz + 41, resp. — 205 Volt messen. Trägt man sich dann die beiden gefundenen Werte nach Abb. 64 als Lotrechte maßstäblich auf, während man die Wagrechte 120 mm lang macht, entsprechend 120 Zellen, so kann man durch einfache, geradlinige Verbindung der Punkte

a und b die Stelle des Isolationsfehlers F finden. Durch Ab-
messen der Strecke AF findet man sofort die Nummer der
Zelle, die die Spannung Null hat, also die Fehlerstelle. Man
wird natürlich der Sicherheit halber noch einmal die Zelle 20
mit dem Voltmeter gegen Erde messen und sich überzeugen,
ob dort wirklich die Spannung Null ist. Ist die dort befindliche
Bleileiste mit einer Zellenschalterleitung verbunden, so kann
natürlich auch in dieser der Fehler liegen. Man besichtige
jedenfalls nunmehr sehr sorgfältig das Holzgestell und die
Isolatoren in der Nähe des Fehlers, evtl. auch die betreffende Zellenschalterleitung.

Die beschriebene Methode, eine Stromableitungsstelle
nach Erde an einem Holzgestell durch Messung aufzusuchen,
versagt, sobald zwei oder mehrere auseinanderliegende oder
eine große Anzahl kleiner, über die ganze Batterie verteilter
Isolationsfehler vorliegen; es muß dann eben das gesamte
Holzgestell genau besichtigt werden.

b) Zwecks Untersuchung des Holzgestells bekleide man
sich mit einem Säureanzuge und lege sich bei Prüfung der
Bodengestelle oder der unteren Balken der Etagengestelle
platt auf die Erde.

Die Längs- und Querbalken der Holzgestelle leuchte
man mit Hilfe der Akkumulatorenraumlampe — bei sehr
großen Zellen nach vorheriger Entfernung der Laufbühnen —
gründlich ab; man suche nach Fremdkörpern (Kalk-, Ziegel-,
Metallstückchen), die etwa auf dem Fußboden liegen und das
Holzgestell berühren, und befühle die Balken von allen Seiten,
ob sie etwa durch verschüttete Nachfüllflüssigkeit naß sind.
(An einer solchen Stelle erhält man in der Regel einen elektrischen Schlag!) Solch nassen Stellen sowie den in deren
Nähe befindlichen Porzellan- und Glasisolatoren ist die größte
Aufmerksamkeit zu widmen!

Bei Doppel-Etagengestellen achte man besonders dar-
auf, ob etwa eine Ankohlung des Holzes durch den elektrischen
Strom dort stattgefunden hat, wo sehr nasse Längs- und
Querbalken miteinander verbunden sind.

c) Gruppenverbindungen beobachte man daraufhin,
ob sie vielleicht an einer feuchten Wand anliegen und so Erdschluß herstellen.

7. durch Untersuchung der Platten auf elektrischem Wege mittels Kadmiumelektrode.

Besitzt eine Batterie auch nicht annähernd die garantierte Kapazität, obwohl sich keine kurzgeschlossenen Zellen vorfinden und der Isolationszustand tadellos ist, so muß auf eine Erkrankung des aktiven Bleimaterials geschlossen werden.

Welche Plattensorte nun am Kapazitätsnachlaß des Akkumulators schuld ist, kann in den allermeisten Fällen mit Hilfe eines in Hartgummi eingelagerten amalgamierten Kadmiumbleches be-

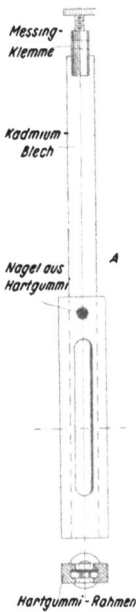

Abb. 65.

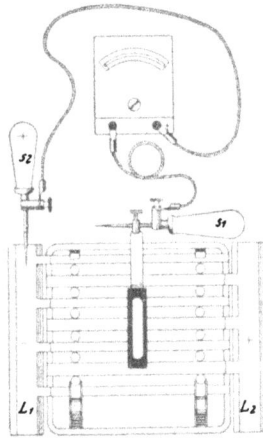

Abb. 66.

stimmt werden. In zweckmäßiger Form wird diese Vorrichtung von der Akkumulatorenfabrik A.-G., Berlin, hergestellt (Abb. 65).

Das Kadmiumblech wird bei *A* rechtwinklig umgebogen, und durch die Messingklemme wird eine Stahlspitze gesteckt, die in einem Holzheft befestigt ist (Abb. 66). Mittels einer langen, biegsamen Leitung wird dieses Kadmiumblech hierauf an die Minusklemme eines Präzisionsvoltmeters von 3 Volt Meßbereich und möglichst hohem Eigenwiderstand angeschlossen, das am besten einen Tragriemen besitzt, mit dem es sich am Halse befestigen läßt. Man hat so die Skala des Instruments stets vor Augen und beide Hände zum Anfassen der Spitzen s_1 und s_2 frei (Abb. 66). Die positive Klemme des Voltmeters schließt man, gleichfalls mittels biegsamer Leitung, an Spitze s_2 an, deren Holzgriff man mit einem eingeschnittenen oder eingebrannten + Zeichen versieht, damit man immer sofort weiß, welche von beiden Spitzen mit dem positiven Pol des Instruments verbunden ist.

Das Kadmiumblech legt man jetzt auf die Platten (Abb. 66); der Hartgummirahmen schützt es vor Berührung mit denselben.

Die Messung wird nun wie folgt ausgeführt:

Etwa nach 10% Entladung der vorher vollständig geladenen Batterie mißt man zunächst die Spannungs-

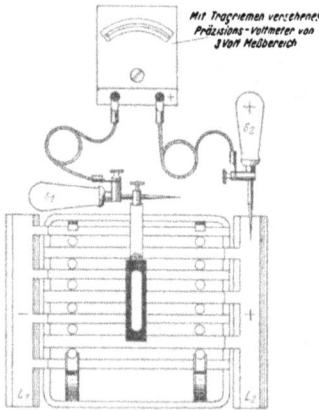
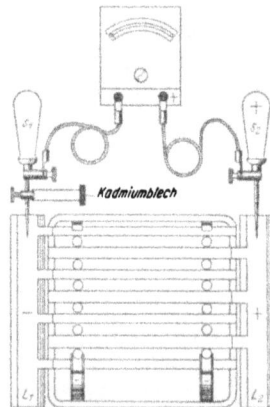

Abb. 67.   Abb. 68.

differenz der negativen Platten gegen Kadmium (Abb. 66), indem man mit Spitze s_2 in die — Bleileiste L_1 sticht, während das Kadmiumblech auf den Platten der zu untersuchenden Zelle liegen bleibt. (Dem Voltmeter kann nichts passieren, wenn es infolge falschen Anschlusses verkehrt ausschlagen sollte, da der Ausschlag außerordentlich klein ist.) Man messe z. B. 0,15 Volt. (Wird in Zukunft als — Kadmium bezeichnet.) Darauf sticht man mit der gleichen Spitze s_2 in die + Leiste

L_2 (Abb. 67). Jetzt schlägt das Voltmeter auf alle Fälle nach der richtigen Seite aus. Man messe z. B. 2,1 Volt (+ Kadmium). Darauf läßt man Spitze s_2 auf der + Leiste und sticht mit Spitze s_1 in die — Leiste (Abb. 68), so daß man jetzt die Klemmenspannung mißt, z. B. 1,95 Volt.

Bildet man jetzt die Differenz zwischen + und — Kadmium, so erhält man 2,1 — 0,15 = 1,95 Volt, also die Klemmenspannung. — Meist wird aber diese Differenz einen etwas niedrigeren Wert als die Klemmenspannung ergeben, etwa 0,01 bis 0,02 Volt zu wenig. Man habe z. B. 15 Min. nach Beginn der Entladung gemessen: + Kadmium = 2,09 Volt; — Kadmium = 0,13 Volt; Klemmenspannung = 1,97 Volt. Dann wäre die Klemmenspannung auf Grund der Kadmiummessung nur 2,09 — 0,13 = 1,96 Volt. Es ist also zu + Kadmium noch 0,01 Volt zu addieren. Nach Feststellung des Zuschlags wird man nur noch + Kadmium und die Klemmenspannung messen, — Kadmium aber berechnen.

Beispiel. + Kadmium (gemessen) = 2,10 Volt; Klemmenspannung 1,98 Volt. Dann ist + Kadmium 2,10 + 0,01 = 2,11 Volt; Klemmenspannung = 1,98 Volt; — Kadmium (berechnet) 0,13 Volt.

Genau dieselben Messungen müssen nun nochmals ausgeführt werden, wenn nach Entladung mit konstantem Strom die Batteriespannung eben unter die zulässige Netzspannung zu sinken beginnt. (Bei Lichtbatterien nach Zuschaltung sämtlicher Zellen.)

Es sei gemessen worden:

+ Kadmium (korrigiert) = 2,06 Volt; Klemmenspannung = 1,83 Volt.

Dann ist — Kadmium = 2,06 — 1,83 = 0,23 Volt.

Also ist der Spannungsabfall während der Entladung
der positiven Platten: 2,11 — 2,06 = 0,05 Volt,
der negativen Platten: 0,23 — 0,13 = 0,10 Volt.

In diesem Falle sind beide Plattensorten gesund, da nur dann die positiven oder negativen Platten einer Zelle als **krank** anzusehen sind, wenn ihr **Spannungsabfall** bei Entladung der gesamten Batterie bis zur Spannungsgrenze mit konstantem Strom **über 0,09 bis 0,1 Volt** beträgt.

Die für die einzelnen Zellen gefundenen Werte trägt man

dann in nachfolgende Tabelle ein, aus der man — Kadmium sowie den Spannungsabfall der positiven und negativen Platten berechnet.

Bei Zelle Nr. $+$ 41 ist der Spannungsabfall sowohl bei den positiven als bei den negativen Platten weit über 0,1 Volt. Man könnte also meinen, beide Plattensorten seien krank. Aus der Kadmiummessung darf jedoch in diesem Falle obiger Schluß nicht gezogen werden, da die zweifellos bereits völlig entladenen Negativen (— Kadmium = 0,3 Volt) infolge ihres vorzeitigen Spannungsabfalls den übermäßigen Abfall der wahrscheinlich völlig gesunden Positiven veranlaßt haben können.

	Nr. der Zelle	Nach 10 % Entladung	Nach Entnahme der garantierten Kapazität	Spannungsabfall der + und — Platten	Bemerkungen
+ Kadmium (Volt). Klemmenspannung. — Kadmium (berechnet)	$+$ 60	2,10 1,98 0,12	2,06 1,80 0,26	2,10 — 2,06 = 0,04 Volt 0,26 — 0,12 = 0,14 Volt	— Platte krank
+ Kadmium (Volt). Klemmenspannung. — Kadmium (berechnet)	— 39	2,08 1,96 0,12	1,96 1,81 0,15	2,08 — 1,96 = 0,12 Volt 0,15 — 0,12 = 0,03 Volt	+ Platte krank
+ Kadmium (Volt). Klemmenspannung. — Kadmium (berechnet)	$+$ 41	2,10 1,97 0,13	1,95 1,65 0,30	2,10 — 1,95 = 0,15 Volt 0,30 — 0,13 = 0,17 Volt	

Zeigen beide Plattensorten einen Spannungsabfall von über 0,1 Volt, so versagt eben diese Meßmethode.

Nach dem Gebrauche muß die Kadmiumplatte sorgfältig von der Schwefelsäure befreit werden, da sich bei Eintrocknen derselben Kadmiumsulfat bildet, welches bei späteren Messungen Fehler verursachen würde.

8. durch Kapazitätsprobe.

Da der Entladestrom einer Batterie im Betriebe meist sehr stark schwankt, aber eine Kadmiummessung nur dann zuverlässige Resultate über den Zustand der Platten ergibt, wenn dem Akkumulator die garantierte Kapazität bei konstantem Strom entnommen wird, so muß man ihn unter fortgesetzter Beobachtung von Meßinstrumenten entweder auf einen besonderen, regulierbaren Metall- oder Wasserwiderstand oder auf eine andere, leere Batterie mit konstantem Strom so lange entladen, bis die zulässige Spannungsgrenze erreicht ist. Man führt dann eine sog. **Kapazitätsprobe** aus. Diese gestattet:

1. einwandfrei und sehr genau die Kapazität der Batterie in Prozenten festzustellen,

2. die kranken Zellen am Schlusse der Entladung mittels Spannungsmessung ausfindig zu machen, und

3. falls sie nur eine kranke Plattensorte besitzen, auch diese durch Kadmiummessung zu ermitteln.

Um nun eine solche einwandfrei auszuführen, muß man in erster Linie wissen, von welchen Faktoren die Kapazität eines Akkumulators abhängt. Sie hängt ab:

1. **von der Entladestromstärke.** Je geringer sie ist, desto mehr Amperestunden kann man einer Batterie entnehmen (s. Abb. 19 nebst Beispielen);

2. **von der Säuretemperatur.** Alle Firmen beziehen die von ihnen garantierten Kapazitäten auf die Normaltemperatur von 15°C. Mit höherer Temperatur steigt die Kapazität einer Batterie, weil die Säure dünnflüssiger und beweglicher wird und darum leichter in die Poren der aktiven Schicht eindringen kann. Die Zufuhr an konzentrierter Säure wird stärker und demnach die Spannungslage der Batterie höher. — Bei Temperaturen unter dieser Normaltemperatur dagegen fällt die Kapazität unter die garantierte.

Will man bei einer Kapazitätsprobe dies berücksichtigen, so rechnet man am besten **pro 1 Grad C. Temperaturerhöhung über Normaltemperatur 1% Kapazitätszunahme,** weil dieser Wert für keine in einer deutschen Fabrik angefertigte Batterie zu hoch ist, wie durch zahlreiche, von verschiedenen Seiten ausgeführte Messungen ganz zweifellos erwiesen ist.

Unter der normalen Säuretemperatur, z. B. 15°C, empfiehlt es sich, entweder Kapazitätsproben ganz zu unterlassen oder den Akkumulatorenraum vorher durch glühenden Koks, der sich in eisernen Körben befindet, so lange zu heizen, bis wenigstens normale Säuretemperatur vorhanden ist.

3. **von der Säuredichte.** Ist die Säuredichte niedriger als 1,20 (geladen), so dürfte die Kapazität meist niedriger

sein als die garantierte; ist das spez. Gewicht der Säure höher
als 1,20 (geladen), so dürfte bis 1,25 Dichte fast immer
eine Steigerung der Leistungsfähigkeit auftreten.

Wie groß nun die Ab- oder Zunahme an Kapazität ist,
läßt sich in einfacher Weise nicht angeben, da auch die Platten-
dicke eine erhebliche Rolle spielt.

Zwecks Ausführung einer genauen Kapazitätsprobe ist
es daher erforderlich, daß man schon 8 bis 14 Tage vorher die
Säuredichte in den einzelnen Zellen auf die gleiche vorschriftsmäßige Höhe bringt, z. B. auf 1,20. (Das Abgleichen hat nur
am Schlusse der Ladung zu geschehen.) Genau wird sich natürlich die Säuredichte nicht in allen Zellen auf einen verlangten
Wert bringen lassen, aber doch annähernd. Sie wäre z. B.
sehr schlecht abgeglichen, wenn sie zwischen 1,19 bis 1,21
schwankte; gut dagegen, wenn 1,198 und 1,202 die äußersten
Werte wären.

Die **Ausführung der Kapazitätsprobe** selbst kann auf
mancherlei Weise, je nach den Umständen, vorgenommen
werden; sie kann sich ganz einfach, aber auch sehr schwierig
gestalten, erfordert aber immer gründliches Sach-
verständnis.

Am häufigsten wird sie in der Weise ausgeführt, daß man
die Batterie mit dem auf der Bedienungsvorschrift angegebenen
höchstzulässigen Strom auf einen Wasserwiderstand entlädt.
Bei Lichtbatterien hält man Strom und Spannung, bei Pufferbatterien wegen Fehlens des Zellenschalters nur den Strom
konstant. Strom und Spannung mißt man entweder mit
Hilfe der vorher geeichten Schalttafelinstrumente oder durch
besondere Präzisionsvoltmeter, Amperemeter u. dgl.

Schon bei dieser einfachsten Art der Batterieprüfung
kann man recht erhebliche Fehler begehen. Vielfach wird
z. B. das Voltmeter benutzt, das an den Sammelschienen liegt,
um die Spannung des Akkumulators zu messen. Dasselbe
zeigt dann eine um den Spannungsverlust in den Zellenschalterleitungen, Zellenschalterkontakten sowie den Gruppenverbindungen zu niedrige Spannung an. Beträgt der gesamte
Spannungsverlust bis Schalttafel beispielsweise 3 Volt, so
liefert die Batterie, trotzdem das Voltmeter 110 Volt anzeigt,
tatsächlich 113 Volt. Ist nun z. B. ein dreistündiger Ent-

ladestrom von 100 Amp. garantiert, so müßte die Batterie während der Probe $113 \cdot 100 \cdot 3 = 33\,900$ Watt statt $110 \cdot 100 \cdot 3 = 33\,000$ Watt abgeben, also rund 103% der garantierten Leistung. Hierbei wird natürlich, unter Umständen auch bei völlig gesunder Batterie, die Spannung schon vor Ablauf der 3 Stunden unter 110 Volt gefallen sein.

Deshalb ist es unbedingt nötig, vor der Kapazitätsprobe diese Spannungsverluste mit Hilfe eines Präzisions-Voltmeters, an dessen Schnüren Spitzen befestigt sind, mit denen man die Bleileisten ansticht, zu bestimmen.

Die Spannungsverluste in den Zellenschalterleitungen und -kontakten bestimmt man dadurch, daß man das Präzisionsvoltmeter zunächst parallel zum Schalttafel-Voltmeter legt und der Batterie gleichzeitig einen Strom entnimmt, der so hoch ist, wie der Entladestrom während der Kapazitätsprobe. Dasselbe Instrument legt man dann unmittelbar an die Batteriepole, den Akkumulator immer noch mit dem gleichen Strom entladend. (Natürlich ist die eine Leitung des Voltmeters mit der Bleileiste in Berührung zu bringen, wo gerade der Zellenschalterhebel steht!) Die Differenz zwischen den beiden Messungen ergibt dann den gesuchten Spannungsverlust.

Die Spannungsverluste in den Gruppenverbindungen mißt man durch Einstechen der Voltmeterspitzen in die Bleileisten, die miteinander durch Kupferleitungen verbunden sind.

Beispiel.

Am Schalttafel-Voltmeter gemessen . . 220 Volt,
an den Batteriepolen gemessen . . . 223 ,,

Spannungsverlust in Zellenschalterleitungen und -kontakten . . . . . . 3 Volt
10 Gruppenverbindungen à 0,1 Volt gemessen . . . . 1 ,,

Gesamter Spannungsverlust bis Schalttafel . . . . 4 Volt

Das Einschalten des Präzisions-Amperemeters geschieht in der Weise, daß man eine Batteriesicherung herausnimmt und an deren Stelle den Nebenschlußwiderstand des Instru-

ments einfügt, wozu unter Umständen ein Paar kurze, dicke
Drähte oder zwei kleine Stücke Flachkupfer nötig sind. Viel-
fach baut man denselben auch vorteilhaft an den verschraubten
Stoßstellen zweier Flachkupferleitungen ein.

Den Wasserwiderstand legt man parallel zu den
Sammelschienen, vorausgesetzt, daß die Batterie entweder
eigene Sammelschienen besitzt oder mangels derselben ein
Tieferhalten der Spannung um den Spannungsverlust der
Batterieleitungen zulässig ist. Sonst muß man diese von den
Sammelschienen abschrauben und mittels biegsamer Kabel
unter Einschaltung von Sicherungen mit dem Wasserwiderstand direkt verbinden. Bei Dreileiterbatterien verwendet
man für jede Seite einen solchen.

Ein Petroleumfaß mit zwei durch einen dazwischen ge-
steckten Holzbalken getrennten Eisenblechen, die in ange-
säuertes Wasser tauchen, eignet sich als Belastungswiderstand
(Wasserswidertand) am besten und verträgt einen Strom
von mindestens 1000 Amp., falls man nur dafür sorgt, daß
die Temperatur der Flüssigkeit im Fasse 80 ^{0} C. nicht überschreitet. Dies erreicht man dadurch, daß man nach Bedarf
kaltes Wasser oder kalte Säure zu- und die warme Flüssigkeit durch einen Hahn ablaufen läßt sowie die eine Platte
aushebbar einrichtet. In die Flüssigkeit hängt man ein Thermo-
meter. Das Faß selbst stellt man isoliert auf; der bedienende
Mann zieht Gummischuhe an und stellt sich auf ein trockenes,
bei höherer Spannung durch Glasplatten isoliertes Brett.
Vorteilhaft verwendet man auch ein Stück Laufboden aus dem
Akkumulatorenraum nebst Isolation.

Nachdem diese Vorbereitungen getroffen sind und die
kurzschlußfreie Batterie gehörig mit Ruhepausen oder
mit ganz schwachem Strom (Kap. III, Abschn. 3) überladen
ist, schaltet man die Batterie auf den Wasserwiderstand,
der zunächst nur reines Wasser enthält, gießt dann
unter fortwährendem Umrühren mit einem Holzstabe vorsichtig Säure zu, gleichzeitig die Spannung der Batterie mit
Hilfe des Zellenschalters auf den vorschriftsmäßigen Wert
einstellend, bis der Entladestrom den richtigen Wert erreicht
hat. Namentlich während der ersten Viertelstunde sowie
gegen Schluß der Probe muß ununterbrochen eine Person

die Instrumente beobachten, während eine andere auf Anruf
den Wasserwiderstand durch Zugießen von Säure, Wasser
oder Anheben einer Platte etwas ändert. Beim Einschalten
des Stromes schreibt man die Zeit auf, später die Zahl der
eingeschalteten Zellen. Strom, Spannung und Säuretemperatur hat man bereits notiert. Man braucht dann, da ja mit
konstantem Strom entladen wird, nur noch einmal Zeit,
Strom, Spannung usw. aufzuschreiben, und zwar dann, wenn
die tiefstzulässige Entladespannung nicht mehr gehalten werden kann.

Es hat keinen Sinn, bei einem Amperemeter, das z. B.
bis 2000 Amp. zeigt (1 Teilstrich = 100 Amp.), etwa den Strom
auf das Ampere genau einstellen zu wollen. Soll z. B. laut
Bedienungsvorschrift ein dreistündiger Entladestrom von
1584 Amp. eingehalten werden, so wird man ca. 1575 Amp.
einstellen können. Angenommen, man habe tatsächlich
1575 Amp. gehalten, so hätte man die Batterie mit
$\frac{1575}{1584} \cdot 100 = 99,5\%$ statt 100% entladen; das fehlende halbe
Prozent ist ohne Belang. — Auch ist es zwecklos, wie dies
meist geschieht, etwa in Intervallen von $\frac{1}{4}$ bis $\frac{1}{2}$ Stunde
Notizen zu machen.

Beträgt nun die mittlere Netzspannung einer Licht-
batterie 110 Volt, so wird man zu Beginn der Entladung
auf ca. 111 Volt einstellen, weil der Zellenschalter nur ein
sprungweises Regulieren um ca. 2 Volt gestattet. Man läßt
also die Spannung bis auf 109 Volt sinken, um dann abermals
eine Zelle zuzuschalten, so daß also tatsächlich während der
Entladung eine mittlere Spannung von 110 Volt gehalten
wird.

Findet bei einer 220-Voltbatterie eine Abschaltung von
jedesmal zwei Zellen statt, so wird man zwischen 222 und
218 Volt regulieren.

Man legt am besten ein Präzisions-Voltmeter unmittelbar
an ihre Pole, die eine Instrumentleitung immer dort an die
Bleileiste anschließend, wo gerade der Zellenschalter steht.

Bei Pufferbatterien fällt dieses Wandern mit der einen
Leitung natürlich fort.

Will man das Schalttafel-Voltmeter nach vorheriger Eichung benutzen, und beträgt der Spannungsverlust in den Zellenschalterleitungen usw. 2 Volt, so ist zwischen 109 und 107 Volt zu regulieren, um eine mittlere Batterie-Polspannung von 110 Volt zu halten.

Bei jeder Kapazitätsprobe kann man natürlich auch einen Watt- oder Amperestundenzähler einschalten, den man während der Probe eicht. Zeigt er z. B. 7% zu wenig an, so müßte im Falle Schema Nr. 1 die Batterie so lange entladen werden können, bis laut Zähler 321 Ah oder $\dfrac{321 \cdot 110}{1000}$ $= 35,31$ kWh entnommen sind.

Schema Nr. 1.

Kapazitätsprobe an einer 110-Volt-Lichtbatterie von 300 Ah garantierter dreistündiger Kapazität.

Zeit	Strom in Ampere	Spannung in Volt an der Schalttafel	Zellen-zahl	Bemerkungen
9 Uhr	100	109	55	Spannungsverlust in
12 ,,	100	107	58	den Zellenschalter-leitungen 2 Volt.

Die Batterie besitzt demnach reichlich 100% Kapazität.

Schema Nr. 2.

Kapazitätsprobe an einer Pufferbatterie.

242 Zellen, 592 Ah garantierte Kapazität bei einstündiger Entladung, 500 Volt Ruhespannung.

Zeit	Strom in Ampere	Spannung in Volt	Bemerkungen
10 Uhr	592	443	Die Spannung wurde unmittel-
10⁴⁵ ,,	592	423	bar an den Polen der Batterie gemessen.

Da die Pufferbatterie 242 Zellen mit einer tiefstzulässigen Entladespannung von 1,75 Volt pro Zelle hat, so beträgt diese für alle Zellen zusammen $1,75 \cdot 242 = 423$ Volt. Dieser Wert wird bereits nach $\frac{3}{4}$ Std. erreicht, also beträgt die Kapazität nur 75% der garantierten.

Bei vorstehenden beiden Proben ist keine Rücksicht auf die Säuretemperatur genommen, da die Akkumulatorenfabriken meist keine Angaben hierüber machen.

Wenn natürlich von einer Fabrik die Kapazität z. B. bei 15° C garantiert ist, so kann eine Erwärmung der Säure über 15°C berücksichtigt werden. (Auf je 1°C mehr 1% Kapazitätszunahme.)

Beträgt z. B. zu Beginn einer dreistündigen Entladung die Säuretemperatur 24°C, gegen Ende derselben 22°C, so ist die mittlere Säuretemperatur (23°C) um 8° zu hoch; die Kapazität der gesunden Batterie ist demnach nicht 100, sondern 108%. Ein Akkumulator mit einer dreistündigen Kapazität von z. B. 300 Ah müßte dann 324 Ah liefern, oder die Entladung wäre um 24 : 100 = 0,24 Std. = 14 Min. länger fortzusetzen.

Schema Nr. 3.

Kapazitätsprobe unter Berücksichtigung der Säuretemperatur an einer 110-Volt-Lichtbatterie von 300 Ah garantierter dreistündiger Kapazität.

Zeit	Säuretemperatur	Strom in Ampere	Spannung in Volt an der Schalttafel	Zellenzahl	Bemerkungen
9 Uhr	24°C	100	109	55	Spannungsverlust in den Zellenschalterleitungen betrug 2 Volt.
12¹⁴ ,,	22°C	100	107	60	

Die Batterie hat also bei 15° C. 100% Kapazität.

Jede der vorstehenden drei Kapazitätsproben gibt nur Aufschluß, wie viele der garantierten Amperestunden die Batterie tatsächlich abgibt. Falls sich nun ein starker Kapazitätsrückgang zeigt, so weiß man nicht, ob alle Zellen oder nur einzelne krank sind. Es ist deshalb jede Probe, die nicht 100% Kapazität ergibt, wertlos, wenn nicht zu Anfang der Probe, nach 10% Entladung, die Klemmenspannung sowie + Kadmium aller Zellen, gegen Ende die gleichen Werte bei den kranken Zellen gemessen werden. (Schema Nr. 4.)

Man beginnt die Messung bei der letzten Stammbatteriezelle. Zellen, deren Spannung nur um $^3/_{10}$ bis $^1/_{10}$ Volt unter die tiefstzulässige Spannung gesunken ist, werden nicht notiert; denn eine Zelle, die z. B. statt 1,83 Volt 1,80 Volt am Schlusse der Entladung zeigt, ist meist nur in der Ladung etwas zurück; sie ist auf alle Fälle gesund.

Nach Schema Nr. 4 würde z. B. Zelle Nr. 55 umgepolt sein. (Das Voltmeter schlägt in verkehrter Richtung aus.)

In Zelle Nr. 59 und Nr. 56 sind die Negativen krank. (S. Kap. II, Abschn. 7.)

Schema Nr. 4.
Spannungsmessung an den einzelnen Zellen.
(+ — bedeutet Klemmenspannung, + bedeutet + Kadmium.)

Zeit	Nr. 60		Nr. 59		Nr. 58		Nr. 57		Nr. 56		Nr. 55	
	+—	+	+—	+	+—	+	+—	+	+—	+	+—	+
9 Uhr	1,96	2,12	1,90	2,13	1,96	2,12	1,96	2,11	1,70	2,12	1,60	2,12
12 ,,	—	—	1,75	2,02	—	—	—	—	—	2,00	-0,5	0,9

Vielfach werden auch sämtliche Zellen einer Licht-batterie, also auch die Zuschaltzellen, bei der Kapazitäts-probe eingeschaltet und mit konstantem Strom bis z. B. auf 1,83 Volt pro Zelle entladen, so daß die Probe bei ungefähr 1,98·60 = 119 Volt beginnt und bei 60·1,83 = 110 Volt aufhört.

Bei einer neuen Batterie, die nur wenige Tage in Betrieb ist, wird man aus technischen Gründen gegen die gleichzeitige Entladung sämtlicher Zellen nichts einwenden können; sie ist vielleicht sogar zu empfehlen, da man dann sicher ist, daß alle Zellen von vornherein gesund sind. Aber bei einer alten ist dies auf alle Fälle unzulässig. Auch ist eine solche Leistung des Akkumulators von seiten der Fabrik gar nicht garantiert, wie folgende kleine Rechnung zeigt: Sind für eine Batterie von 60 Zellen 110 Volt Polspannung und 900 Ah dreistündig garantiert, so entspricht dies einer Leistung von 900·110 = 99000 Wh. Werden aber von vornherein alle 60 Zellen entladen und beträgt die mittlere Entlade-spannung eines Elements 1,96 Volt, so werden tatsächlich 1,96·60·900 = 105840 Wh entnommen; das sind 106,9% der garantierten Leistung.

Schon das Vorhandensein der Zellenschalterleitungen deutet an, daß eine Lichtbatterie niemals dauernd mit sämt-lichen Zellen entladen werden soll.

Vielfach werden nun Kapazitätsproben in der Weise aus-geführt, daß man den Akkumulator während des Betriebes aufs Netz entlädt; denn wollte man eine Zentralbatterie von z. B. 6000 Ah Kapazität bei 220 Volt Spannung auf einen Wasserwiderstand nutzlos entladen, so würde das dem Werke bei einem Selbstkostenpreise der Maschinenkilowattstunde

von 0,1 Mark $\dfrac{6000 \cdot 220}{1000 \cdot 0,72}$ 0,10 = 183 Mark Ladekosten verursachen; man wird deshalb lieber die Batterie nutzbar
aufs Netz entladen, um zu sparen. Kann der Akkumulator
dann nicht mit dem auf der Bedienungsvorschrift angegebenen
höchstzulässigen Strom entladen werden, sondern nur mit
einem niedrigeren, der aber während der ganzen Dauer der
Probe konstant gehalten wird, so ist gegen diese Art der
Untersuchung nichts einzuwenden, wenn die höhere Kapazität nach Kurve Abb. 19 (s. auch die zugehörigen Beispiele!)
vorausberechnet und dann auch tatsächlich entnommen
wird.

Zu beanstanden wäre jedoch folgende Art der
Kapazitätsprobe:

Garantiert: 300 Ah bei dreistündiger Entladung.

Zeit	Spannung in Volt	Zellenzahl	Strom in Ampere	Ah
9 Uhr	111	55	100	
10^45 ,,	.	.	80	. . 175
11^15 ,,	.	.	40	. . 40
11^45 ,,	.	.	60	. . 20
12 ,,	.	.	40	. . 15
1 ,,	.	.	20	. . 40
1^3) ,,	109	60	20	. . 10
				Sa. 300 Ah

Im vorliegenden Falle kann man ohne weiteres sagen,
daß die Batterie trotz der herausgeholten 300 Ah die
garantierte Kapazität nicht besitzen würde, wenn mit 100 Amp.
konstant 3 Stunden lang Entladung stattfände, da bei schwächerem Entladestrom als dem dreistündigen (wie im vorliegenden Falle) die Kapazität des Akkumulators so erheblich steigt, daß nach Entnahme obiger 300 Ah bei gesunder Batterie noch nicht alle 60 Zellen eingeschaltet sein
durften.

Ja, die 300 Ah wären selbst bei obigen Strömen ohne
ein erhebliches Fallen der Spannung unter 109 Volt
gar nicht herausgekommen, wenn der Akkumulator zufälligerweise die 100 Amp. nicht von 9 bis 10^45 Uhr, sondern erst von
11^45 Uhr ab geliefert hätte, da die Reihenfolge der Ströme

8*

bei dieser Art von Kapazitätsprobe keinesfalls für deren Aus-
fall gleichgültig ist, wie von Dr. Liebenow durch Messungen
einwandfrei bewiesen ist. Er sagt auf S. 14 seiner Inaugural-
dissertation[1]): „Nun aber ergeben die oben angeführten Versuche, daß es einen bedeutenden Unterschied macht, ob man
am Anfang der Entladung schwachen und gegen das Ende
einen starken Entladestrom oder umgekehrt zuerst einen
starken, dann einen schwachen Strom verwendet. Man erhält
im letzteren Falle eine nicht unbeträchtlich höhere Kapazität
als im ersten."

Dies ist auch ganz erklärlich; denn setzt ein starker
Entladestrom ein, wenn der Akkumulator ungefähr schon
zur Hälfte entladen ist, so findet er die + Platten bereits
mit einer Sulfatschicht überzogen vor. Er wird deshalb
seinen Weg zu den inneren Masseteilchen nehmen. Im Platten-
innern ist aber die Säurekonzentration bereits infolge der
vorangegangenen Entladung gesunken. Der starke Entladestrom wird daher dort bald Erschöpfung der Säure hervorrufen, neue kann infolge Porenverengerung nicht schnell
genug und in genügender Menge ins Platteninnere gelangen,
und demnach muß die tiefstzulässige Klemmenspannung
vor der Zeit erreicht werden.

Eine sehr billige Kapazitätsprobe unter genauester
Einhaltung der garantierten Werte ist möglich, wenn in einem
Elektrizitätswerke noch eine zweite gleichgroße oder wenig-
stens nahezu gleichgroße Batterie vorhanden ist. Man entlädt
dann den zu prüfenden, vorher mit Ruhepausen aufgeladenen
Akkumulator, auf den anderen entladenen. Dieser hätte
sowieso geladen werden müssen, allerdings mit dem billigeren
Maschinenstrome.

Angenommen, jede der beiden Batterien habe eine dreistündige Kapazität von 10000 Ah und 220 Volt Entladespannung. Die Selbstkosten der Kilowattstunde sollen 0,1 M.
betragen. Dann kostet die Ladung einer solchen Batterie mit
Maschinenstrom:

$$\frac{10000 \cdot 220}{1000 \cdot 0,72} \cdot 0,1 = 305 \text{ Mark.}$$

---

[1]) Göttingen 1905. „Über die Abhängigkeit der Kapazität des
Bleiakkumulators von der Stromstärke".

Es werden hierbei $\dfrac{10\,000 \cdot 220}{1000 \cdot 0,72} = 3050$ kWh aufgeladen.
Entlädt man aber die zu prüfende Batterie auf die andere,
so werden nur $\dfrac{10\,000 \cdot 220}{1000} = 2200$ kWh aufgeladen. Es
fehlen also 850 kWh, die durch Maschinenstrom ergänzt
werden müssen und $850 . 0,1 = 85$ Mark kosten. Diese Kapazitätsprobe verursacht demnach nur 85 Mark Unkosten gegenüber 305 Mark, falls man auf Wasserwiderstand entladen hätte.

Die Ausführung der Probe geschieht in der Weise, daß
man zunächst die beiden Batterien parallel schaltet, nachdem
man vorher die Zellenschalter so weit verschoben hat, daß
die Batterie, welche den Ladestrom für die andere abgeben
soll, eine ein klein wenig höhere Spannung hat. In den Stromkreis beider Batterien schaltet man gleichzeitig auch die
Zusatzmaschine ein, deren Polarität so sein muß, daß sich ihre
eigene Spannung zur Spannung der Batterie addiert, die den
Ladestrom liefert. Die Zusatzmaschine ist unbedingt erforderlich, da man durch Manövrieren mit den Zellenschalter-
hebeln allein niemals andauernd einen konstanten Strom
erzeugen kann. Durch Regulieren am Feldregler der Zusatzmaschine läßt sich das aber anstandslos erreichen. Abb. 69
zeigt die Schaltung für eine Dreileiteranlage. Schalttafel-
Voltmeter usw. sind absichtlich weggelassen worden, um das
Wesentliche recht deutlich zu zeigen. Hinter der Schalttafel
sind nur die Verbindungen x—x, resp. y—y auszuführen.
— Amperemeter sind event. umzuschalten, falls ihr Null-
punkt nicht in der Mitte liegt; die Umschaltung geschieht
einfach dadurch, daß man die Spannungsleitungen am Neben-
schlußwiderstande vertauscht. Zu messen ist natürlich nur
die Klemmenspannung der zu prüfenden Batterie; andere
Spannungen sind nicht aufzuschreiben. Es ist Schema 1 oder 3
anzuwenden. Während der Probe speist die Hauptmaschine
das Netz allein. Sollte sie versagen, so kann man x—x oder
y—y leicht lösen, wenn man zwischen x—x usw. einen Schalter
eingebaut hat. Man ist dann imstande, sofort mir den Batterien wieder aufs Netz zu fahren.

Die eben beschriebene Kapazitätsprobe kann möglicher-
weise nur des Nachts bei äußerst geringer Netzbelastung

unter peinlichster Beaufsichtigung der Hauptmaschine ausgeführt werden. Über die in jedem Falle auszuführende Schaltung muß man sich natürlich ganz klar sein; am besten macht
man sich vorher eine Skizze.

Häufig ist es nun ausgeschlossen, eine Kapazitätsprobe an
sämtlichen Zellen einer Batterie vorzunehmen, da es ja
immerhin möglich wäre, daß z. B. in einem Fabrikbetriebe

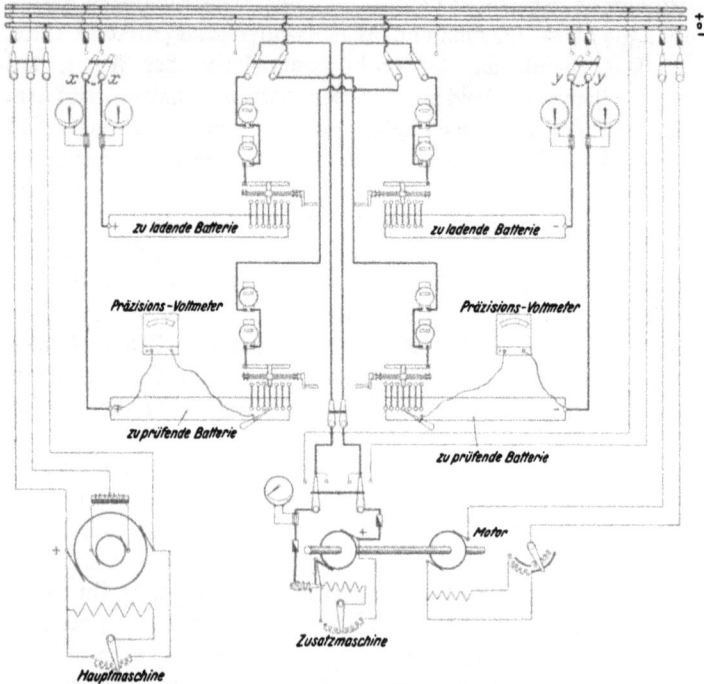

Abb. 69.

nach Entladung des Akkumulators die Gasmotoren usw.
plötzlich versagten und dann die Arbeiter nach Hause gehen
müßten, weil die Batterie allein den Betrieb nicht aufrechterhalten könnte. Man sieht sich dann gezwungen, die Untersuchung auf eventuelle Erkrankung derselben nur an zwei
bis drei Stammzellen vorzunehmen, die man nicht von der
übrigen Batterie zu trennen braucht, wenn ein besonderes
Nachlade-Aggregat vorhanden ist. Sonst ist dies aber nötig

(s. Kap. III, Abschn. 2). Da nun ein Wasserwiderstand bei Entladung so weniger Zellen sehr schlecht funktioniert, so schließt man die fraglichen Elemente am besten an einen **Metallwiderstand** an. Zu seiner Herstellung genügen in der Regel einige Meter in jeder Eisenhandlung käuflichen Eisenbandes, das man mit dem einen Ende unmittelbar an der einen Endbleileiste mit Hilfe einer Klemme (Abb. 70) befestigt. An der zweiten Endleiste befestigt man in gleicher Weise eine Kupferdrahtleitung oder ein biegsames Kabel — je nach der Stromstärke — und schließt daran ein Präzi-

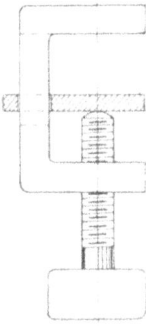

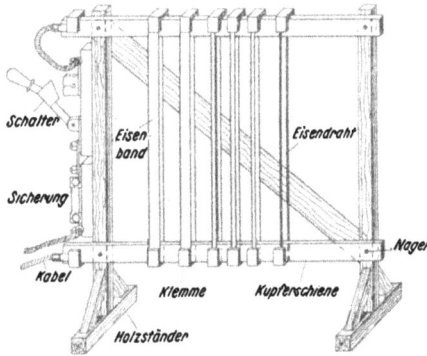

Abb. 70.   Abb. 71.

sions-Amperemeter, eine Sicherung und einen Ausschalter an. An diesen befestigt man zwei Leitungen, deren Enden mit je einer Klemme versehen sind, die sich über das Eisenband schieben und festklemmen läßt. Durch Verschieben einer solchen Klemme kann man dann die Länge und damit den Widerstand des eingeschalteten Eisenbandes ändern. Damit nun der Strom während des Einregulierens nicht unterbrochen wird, muß jedesmal die zweite Klemme miteingeschaltet werden. Diese verschiebt man so lange, bis der Strom den richtigen Wert hat, schraubt sie am Bande fest und entfernt dann die erste Klemme. Auf diese Art läßt sich der Strom sehr leicht konstant halten; nur darf man kein zu schmales Band verwenden, weil dieses unter Umständen rotglühend wird und sich also nicht anfassen läßt.

Bis 500 Amp. läßt sich diese Vorrichtung bequem verwenden. Darüber hinaus empfiehlt sich die Verwendung der in Abb. 71 dargestellten Einrichtung.

Die Bänder und Drähte werden mit Hilfe der Klemme (Abb. 70) an Kupferschienen befestigt. Durch Hinzufügen oder Hinwegnehmen schmälerer Bänder oder von Eisendrähten läßt sich der Strom konstant halten. Diese können auch rotglühend werden; nur darf kein Luftzug im Raume sein, da sich sonst ihr Widerstand ändert und infolgedessen Stromschwankungen auftreten. — Im übrigen erfolgt die Kapazitätsprobe nach Schema Nr. 2.

Sie ergibt nur dann auch hinsichtlich der übrigen Zellen ein richtiges Resultat, wenn alle Zellen der Batterie gleichmäßig gut und zu gleicher Zeit gegen Schluß der Ladung Gas entwickeln.

9. durch Untersuchung der Platten auf mechanischem Wege und Besichtigung derselben. (Plattenkritik.)

Mit Hilfe der Kadmiummessung stellt man zwar in den meisten Fällen fest, welche Plattensorte am Kapazitätsrückgange schuld ist; nur weiß man dann vielfach noch nicht, an welcher Krankheit die positiven oder negativen Platten leiden. Manchmal versagt auch die Kadmiummessung (s. Abschn. 7), und es ist dann zweifelhaft, ob nur eine Plattensorte krank ist oder alle beide leiden.

Hier bewährt sich nun die mechanische Untersuchung und die Besichtigung der Platten aufs beste, ein Verfahren allerdings, das man am zweckmäßigsten der Akkumulatorenfabrik überläßt.

a) Mechanische Untersuchung einer **negativen** Platte.

Um eine negative Platte auf mechanischem Wege zu prüfen, entnimmt man sie in geladenem Zustande nach Durchschneiden der Fahne einem Stammelement und läßt sie zunächst gut abtropfen. Die Platte muß auf alle Fälle gut geladen sein, da ihre Masse entladen infolge des großen Bleisulfatgehaltes wesentlich härter ist. Man würde auch leicht zu einem falschen Untersuchungsergebnisse gelangen, wollte man die Platte einem der ersten Zellenschalter-Elemente entnehmen, da diese wenig zur Arbeit herangezogen werden und also meist in sehr gutem Zustande sich befinden.

Bei einer Kastenplatte schneidet man jetzt mit einem spitzen Messer das perforierte (durchlochte) Blech eines Feldes an zwei Seiten auf, klappt das Blech zurück und entnimmt dem Felde mit Hilfe des Messers etwas Masse. — Bei einer Gitterplatte hebt man ebenfalls mit Hilfe eines spitzen Messers ein Masseblöckchen aus einem Felde.

Zu beachten ist noch, daß man die Masse nicht nur aus verschiedenen Stellen ein und derselben Platte (letztere arbeitet meist unten stärker als oben), sondern auch aus verschiedenen Probeplatten entnehmen muß.

Läßt sich nun die entnommene Masse ohne Anstrengung zwischen den Fingern feinkörnig zerreiben, so ist sie in tadellosem Zustande. — Läßt sich dagegen das Zerreiben nur mit großer Mühe ausführen und bilden sich hierbei größere und kleinere, nicht glänzende, grobkörnige Stückchen, die sich hart anfühlen, so zeigt die Masse die Bildung mehr oder minder großer Bleisulfatkristalle. Die Kapazität dürfte dann mehr oder weniger gesunken sein, läßt sich aber auf alle Fälle durch geeignete Mittel wieder herstellen.

Ist aber ein Zerreiben der Masse unmöglich oder läßt sie sich nur in größere Stücke zerbrechen, so ist Verbleiung zu konstatieren. Eine solche Platte leistet praktisch nichts mehr. Eine Wiederherstellung der Kapazität ist unmöglich.

Verfasser hat niemals an Kasten-, wohl aber dann und wann an Gitterplatten Verbleiung wahrnehmen können. Hielt er eine solche Platte gegen das Licht, so sah er wie durch ein Sieb, da die Masse sich vom Gitter getrennt hatte und also die Masseblöckchen lose im Gitter lagen (Abb. 12).

Vielfach wird die Masse zum Zwecke der Untersuchung mit dem Messer durchschnitten. Falls sich dabei eine glänzende, wie reines Blei aussehende Schnittfläche bildet, so wird behauptet, die Masse sei verbleit. Dies ist jedoch nicht der Fall; denn durch das Schneiden sind die feinen Masseteilchen, die ja selbstverständlich aus Blei bestehen, nur an der Schnittstelle zusammengepreßt und poliert worden, so daß es allerdings den Anschein hat, als habe man ein Stück reines Blei vor sich. Einzig zuverlässig ist eben nur das Zerreiben der Masse zwischen den Fingern.

b) Mechanische Untersuchung einer **positiven** Platte.

Um eine Positive auf mechanischem Wege zu untersuchen, muß sie gleichfalls in geladenem Zustande dem Element entnommen werden. Man steckt ein spitzes Messer zwischen die Rippchen und dreht es dann ein wenig. Ist hierbei ein knirschendes oder kreischendes Geräusch wahrzunehmen, so ist die Platte sulfatiert.

In der Regel fühlt sich auch die Oberfläche hart und sandig an.

An die mechanische Untersuchung schließt man eine eingehende Besichtigung der Probeplatten an. — Es soll nun gezeigt werden, welche Schlüsse sich aus dem Aussehen der Platten auf ihren Zustand und ihre Behandlung im Betriebe ziehen lassen.

Plattenkritik.

a) **Positive** Platten.

Gut. Die Platten sehen nach vollständiger Aufladung blauschwarz bis dunkelbraun (schokoladenfarbig) aus und fühlen sich weich an, wenn man die Oberfläche mit dem Finger überstreicht.

Ursachen: Normale Ladung; nicht zu starke Beanspruchung; reine Säure; gute Wartung.

Sulfatiert. a) Die Platte sieht hellbraun aus. Bei starker Sulfatation sind weiße Flecke vorhanden, die von kristallisiertem Bleisulfat herrühren.

Ursache: Zu geringe Ladung und unzulässig tiefe Entladung.

b) Die Platte sieht zwar dunkelbraun aus, fühlt sich aber hart und sandig an.

Ursache: Zu geringe Beanspruchung.

Gewachsen. Solche Platten haben größere Länge und Breite als die negativen derselben Zelle. (Letztere ändern niemals ihre Dimensionen.)

Ursache: Starke Beanspruchung bei Entladung; Verunreinigung der Säure durch Salpeter- oder Essigsäure.

Unten stark formiert (zerfressen). Diese Erscheinung tritt besonders bei Platten von großer Länge auf.

Ursache: Die Ladung ist meist nicht bis zur lebhaften Gasentwicklung an beiden Plattensorten ausgedehnt worden. Infolgedessen ist die in der untern Hälfte der Zellen befindliche dichtere Säure nicht mit der anderen dünneren Säure genügend gemischt worden. Es traten infolge der verschiedenen Säuredichte starke Ausgleichsströme auf, durch welche die untere Plattenhälfte ent-, die obere dagegen geladen wurde.

Durch Kurzschluß verdorben. Derartige Platten sind meist stark gekrümmt, haben scharfe, gekrümmte und sehr dünne Rippen sowie vielfach auch Löcher an den Stellen, wo sich der Kurzschluß befindet; sind meist stark sulfatiert und nach Länge und Breite gewachsen; sehen häufig gelbbraun aus oder haben einen weißen Niederschlag.

Ursachen: Sehr tiefe Entladung; unaufmerksame Wartung.

Durch Chlorgehalt der Säure verdorben. Die Platten riechen nach Chlor, sehen gelblich bis rötlich aus und sind stark formiert.

Ursachen: Verunreinigung des Füllbottichs; von der Decke fallendes Tropfwasser; unreines Fabrikat der Säurefabrik; Staub; Platten sind beim Überseetransport mit Meerwasser in Berührung gekommen.

Durch Eisengehalt der Säure verdorben. Die Platten fühlen sich hart an; sehen rot aus; ihre Rippen sind sehr dünn oder zerfressen.

Ursachen: Von der Decke fallendes eisenhaltiges Tropfwasser; Flugsand; Staub; vielleicht auch unreines Fabrikat der Säurefabrik oder Verunreinigung des Füllbottichs.

Durch Essig- oder Salpetersäuregehalt der Säure verdorben. Die Platten haben eine schöne schwarze Farbe; sind sehr stark gewachsen; haben sehr stark gekrümmte, dabei sehr angegriffene brüchige Rippchen.

Ursachen: Alkohol-, resp. Salpetersäuredämpfe oder Verunreinigung der Füllsäure.

Am Säurespiegel zerfressene Fahnen.

Ursachen: Salzsäure- oder Chlordämpfe sind in den Batterieraum gelangt.

b) **Negative** Platten.

Gut. Die Masse sieht selbst bei solchen Platten, die schon viele Jahre gearbeitet haben, nach vollständiger Aufladung hellgrau aus. Die Masseblöckchen der Gitterplatten liegen dicht am Gitter an, so daß man nicht durch die Platte hindurchsehen kann. — Bei Kastenplatten füllt die Masse die Felder vollständig aus und liegt dicht am perforierten Blech an.

Ursachen: Sehr reine Materialien; geeignete inerte, die Masse porös haltende Stoffe; Quellstoffe in der Masse; Holzbrettchen, welche die nötigen Quellstoffe enthalten; normale Ladung; nicht zu starke Beanspruchung; gute Wartung.

Bleischwamm auf dem Rücken. Die Bleisuperoxydteilchen, die von den Positiven bei Überladung infolge sehr starker Gasentwicklung abgerissen werden, schwimmen nach den Negativen, setzen sich auf deren Rücken fest und verwandeln sich in grau aussehenden Bleischwamm.

Ursachen: Unaufmerksame Bedienung der Batterie; bei Dreileiterbatterien auch Unmöglichkeit der Nachladung jeder Seite.

Gekrümmt.

Ursachen: Umladung; seitliche Pressung durch stark gekrümmte Positive.

Masse geschrumpft. Die Massekuchen der Kastenplatten füllen die Felder bei weitem nicht aus und sind in geladenem Zustande hart. — Bei Gitterplatten liegen die Masseblöckchen lose im Gitter und fallen heraus, so daß man überall durch die Masse hindurchsehen kann. — Massekuchen und Masseblöckchen zeigen häufig tiefgehende Risse.

Ursachen: Die Holzbretter liefern infolge hohen Alters keine Quellstoffe mehr; oder — bei Fehlen der Bretter — die Masse enthält keine Quellmittel, wohl aber ungeeignete inerte Substanz; sehr starke Beanspruchung in Verbindung mit hohen Ladeströmen oder Überladung bei ständiger Gasentwicklung.

Masse ausgelaufen und sulfatiert. Ist die Masse ausgelaufen, so fühlt sich die zurückgebliebene, infolge teilweiser Bildung von Bleisulfatkristallen, an manchen Stellen sandig an. Das Gitter oder das perforierte Bleiblech sehen häufig infolge positiver Formierung (Umladung) braun aus, und letzteres baucht sich infolge Volumenvergrößerung oft aus.

Ursache: Starke Sulfatierung infolge zu tiefer Entladung bei zu warmer Säure, starker Abkühlung der Säure, Kurzschlusses, Umladung, Ladung bei Parallelbetrieb, Säureverunreinigung, Einfüllens von konzentrierter Säure, Nachfüllens von Säure statt Wasser.

Das Sulfat treibt infolge seiner erheblichen Volumenvergrößerung die Masse aus.

In sieben der erwähnten Fälle ist die Sulfatbildung durch vorschriftswidrige Wartung verursacht.

Masse verbleit. Die Masse ist ein festes Stück Blei geworden, das sich biegen und zerbrechen, aber nicht zwischen den Fingern zerreiben läßt.

Ursache: Alter; bei Gitterplatten auch das Fehlen von Quellmitteln in der Masse; ungeeignete inerte Substanz.

Man erkennt hieraus, daß es möglich ist, eine falsche Behandlung der Batterie durch das Aussehen der Platten nachzuweisen.

10. durch Säure- und Wasseruntersuchung.

Zeigen sich in einer Batterie, während sie sich im Ruhezustande befindet, Nachkocherscheinungen, oder läßt das Aussehen der untersuchten Platten auf Verunreinigung der Säure schließen, so muß stets in erster Linie eine Untersuchung der in den Ballons befindlichen Nachfüllflüssigkeit und dann, soweit es mit einfachen Hilfsmitteln möglich, der in den Elementen befindlichen Säure auf die Art der Verunreinigung vorgenommen werden.

Säure, die aus einer von den Akkumulatorenfabriken empfohlenen chemischen Fabrik bezogen wird, ist äußerst selten verunreinigt, und dann meist durch:

Chlor, Salpetersäure, Ammoniak, Arsen, Eisen, Kupfer.

In Säure, die Elementen entnommen wird, findet sich am häufigsten:

Chlor, Essigsäure, Antimon, Eisen, Kupfer.

Destilliertes Wasser zeigt ungemein selten Verunreinigungen und dann durch:

Chlor, Eisen oder organische Substanz (Kohlenstoffverbindungen).

Alle Chemikalien müssen natürlich absolut rein sein!

Vorschriften über qualitative Prüfung von Säure und destilliertem Wasser.

Reagenzgläser, Glasröhren, Flaschen, Gummischläuche usw. sind vor dem Gebrauche mit destilliertem Wasser mehrmals gründlich zu spülen. Sehr saubere Hände sind natürlich unerläßlich.

Beim Kochen einer Flüssigkeit muß man das Reagenzrohr schief halten und ständig bewegen, damit sie nicht herausspritzt.

Einer Anzahl Ballons entnimmt man mittels einer Glasröhre, die man oben mit dem Daumen verschließt, etwas Säure oder destilliertes Wasser; will man Säure aus Elementen prüfen, so hat die Entnahme in gleicher Weise, aber aus sämtlichen verdächtigen Zellen, zu geschehen. Die einzelnen Proben sammelt man in einer Flasche, aus welcher dann die Füllung der einzelnen Reagenzgläschen erfolgt.

Natürlich können Säure und destilliertes Wasser gleichzeitig mehrere schädliche Stoffe enthalten. Es sind deshalb bei einer qualitativen Prüfung eine ganze Reihe Gläschen mit Probesäure oder destilliertem Wasser zu füllen und dann je 2 oder 3 hiervon auf Chlor, auf Eisen usw. nach den im folgenden angegebenen Methoden zu untersuchen. Nach einer Probe sind gebrauchte Zinkstückchen zu beseitigen.

A) Säure-Untersuchung.

a) auf **Chlor**, welches zerfressend auf die positiven Platten wirkt.

Mehrere Reagenzgläser werden zu $1/_3$ mit der zu untersuchenden Säure, zu $2/_3$ mit destilliertem Wasser gefüllt, der Inhalt gekocht, einige Tropfen Salpetersäure und zuletzt Höllenstein zugesetzt. Hierauf hält man die Probe gegen einen dunkeln Hintergrund. Ist unzulässig viel Chlor vorhanden, so zeigt sich ein weißer, milchiger Niederschlag.

Nur für **neue,** noch nicht in Elementen gebrauchte Säure anwendbar. Säure aus Akkumulatoren läßt man am besten auf Chlor im Laboratorium der Akkumulatorenfabrik untersuchen, da hierzu ein teurer Platintiegel erforderlich ist. Die Untersuchungsmethode ist zu finden: Zentralblatt für Akkumulatorentechnik und verwandte Gebiete 1906, S. 114.

b) auf **Eisen,** welches beide Plattensorten entlädt und den Wirkungsgrad verschlechtert.

Die Proben sind den Elementen im **entladenen Zustande** zu entnehmen.

In mehreren Reagenzgläsern werden die Säureproben mit Permanganatlösung rosa gefärbt, worauf man einige Tropfen Rhodankalium zusetzt. Erscheint die Mischung kirschrot, so ist der Eisengehalt eben noch zulässig. Unzulässig viel Eisen macht die Probe undurchsichtig.

c) auf **organische Substanz,** welche das Bleigerüst der positiven Platten zerfrißt.

Die Proben sind den Elementen im **entladenen Zustande** zu entnehmen.

In mehreren Reagenzgläsern läßt man die Probesäure mit Hilfe des Bunsenbrenners eindampfen, bis weiße Schwefelsäuredämpfe entstehen. Ist die nunmehr konzentrierte Säure dunkelbraun bis schwarz (verkohlt), so läßt dies auf organische Substanz schließen.

d) auf **Nachkochmetalle,** wie Kupfer, Silber, Arsen, Platin, Antimon usw., die eine starke Selbstentladung der Negativen hervorrufen und den Wirkungsgrad verschlechtern.

Man lasse in mehrere Reagenzgläser, die mit Probesäure gefüllt sind, je 2 oder 3 chemisch reine Zinkstückchen mittels eines Holzspänchens aus der Aufbewahrungsvorrichtung fallen. (Auf keinen Fall fasse man die Zinkstückchen mit den Fingern an.) Findet in allen Gläschen nach ca. 10 Min. eine andauernde Gasbildung statt, so enthält die Säure Spuren von Nachkochmetallen. Zeigt jedoch ein Gläschen keine Gasentwicklung, so ist die Säure frei von Nachkochmetallen.

Bei Akkumulatorensäure ist diese qualitative Untersuchung überflüssig, da die im Ruhezustande der Batterie aufsteigenden Gasblasen das Vorhandensein von Nachkochmetallen verraten.

e) auf **Salpetersäure,** die stark formierend auf die Positiven wirkt und Selbstentladung der Positiven und Nagativen sowie eine Verschlechterung des Wirkungsgrades hervorruft.

Die bequemste Prüfung auf Salpetersäure ist mittels Brucin. Man löst Brucin (eines der schärfsten Pflanzengifte) in konzentrierter Schwefelsäure und setzt zu dieser Lösung in ein Reagenzgläschen oder in Porzellanschälchen gegebenen Säureprobe einige Tropfen zu. Ist Salpetersäure auch nur in Spuren in der Säure enthalten, so wird die Lösung rötlich, wobei besonders der am Glas emporgezogene Rand der Säure zu beobachten ist[1].

---

[1] Handb. d. Elektrotechnik, Bd. 3. Dr. E. Sieg, „Die Akkumulatoren," S. 39.

f) auf **Ammoniak,** das formierend auf die Positiven wirkt und Selbstentladung der Positiven und Negativen sowie eine Verschlechterung des Wirkungsgrades hervorruft.

Der in mehreren Reagenzgläschen befindlichen Probesäure ist Lackmuspapier beizufügen und dann so lange Natronlauge zuzusetzen, bis das Papier blau ist.

Ergibt sich jetzt nach Hinzufügen von einigen Kubikzentimetern Neßlers Reagens ein brauner, flockiger Niederschlag, so ist Ammoniak vorhanden.

g) auf **Essigsäure,** die zerfressend auf die Positiven wirkt.

Um auf Essigsäure zu prüfen, bedient man sich der Bildungsweise von Essigäther und der Kakodylreaktion.

Essighaltige Akkumulatorensäure wird zur Hälfte abdestilliert (Abb. 72); einen Teil des Destillats versetzt man mit einer Lösung von absolutem Alkohol in konzentrierter Schwefelsäure;

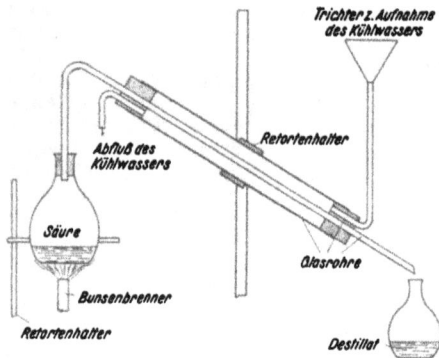

Abb. 72.

nach längerem Stehen und beim Erwärmen tritt der Geruch nach Essigäther deutlich hervor. Ein anderer Teil des Destillats wird mit reiner Soda abgesättigt, eingedampft und der Trockenrückstand mit wenig arseniger Säure in einem Reagenzrohr erhitzt. Alsbald macht sich der abscheuliche Geruch des Kakodyloxydes bemerkbar[1].

[1] Entnommen einer Originalarbeit des Herrn Dr. Schmidt-Altweg im Zentralblatt für Akkumulatoren-Technik und verwandte Gebiete. 1906, S. 116.

B) Wasser-Untersuchung.

h) auf **Chlor**.	Untersuchung wie unter a.
i) auf **Eisen**.	Untersuchung wie unter b; es ist aber chemisch reine Schwefelsäure zuzusetzen.
k) auf **organische Substanz**.	Wie unter c; es sind aber einige Tropfen konzentrierter Schwefelsäure zuzusetzen.

Auch aus dem **Aussehen der Säure** in den Elementen lassen sich mancherlei wertvolle Schlüsse ziehen. Deshalb sollen auch hierüber im folgenden einige Angaben gemacht werden.

Braune Säure. Ist eine Folge starker Überladung. Während der heftigen Gasentwicklung sind Bleisuperoxydteilchen losgerissen worden, die in der Säure herumschwimmen und sie braun färben. Beim Vorhandensein brauner Säure leiden die Positiven.

Schwarze Säure. Die ziemlich seltene Schwarzfärbung der Säure kommt manchmal bei neuen Batterien in einem einzelnen Element während der ersten Ladungen vor, wenn ein Teil des Rußes aus den Platten in die Säure geht. Schadet nichts.

Violette Säure. Die Glätte der negativen Platten enthält Spuren von Mangan, die sich beim Arbeiten des Sammlers herauslösen und bei Ladung zu Mangan-Superoxyd oxydiert werden. Bei Entladung tritt wieder Entfärbung durch Desoxydation ein. Die Färbung der Säure ist unbedenklich, wenn sie nicht gerade sehr kräftig auftritt; denn schon Spuren von Mangan machen sich infolge der sehr starken Farbkraft des Permanganats deutlich bemerkbar.

Säurespiegel schmutzig-grau. Deutet nach den Beobachtungen des Verf. auf schon lange bestehenden Kurzschluß. Nachlässige Wartung.

III. Kapitel.

Beseitigung einer Krankheit des Akkumulators.

A.

Mittel, die im Interesse der Haltbarkeit der Batterie vom Besitzer angewandt werden müssen:

1. Entfernung der Kurzschlüsse einzelner Zellen.

Hat man mittels des in Kap. II, Abschn. 5, angegebenen Verfahrens die Stelle des Kurzschlusses gefunden, und entsprechen seine Ursachen den durch die Abb. 44 bis 46, 49 bis 55 und 61 erläuterten, so ist es ohne weiteres klar, wie man ein solches Element schlußfrei macht. Darum soll nur für einige schwierigere Fälle eine kurze Beschreibung des Beseitigungsverfahrens gegeben werden.

Entdeckt man mit Hilfe der Untersäurelampe (Abb. 56) eine Überbrückung der Platten durch einen Fremdkörper (Abb. 62), so entfernt man diesen gewöhnlich leicht durch ein Holzlineal, das etwa 2 cm breit und dessen Dicke gleich der Hälfte des Plattenabstandes ist.

Hat aber eine negative Platte eine Art Auswuchs, der so fest sitzt, daß er mit dem Lineal nicht wegzubringen ist, dann bewährt sich ein 2 cm breiter Glasstreifen. Mit ihm schabt man die Erhöhung ab, worauf man wieder die Glasrohre zwischen die Platten steckt.

Ist eine + Platte an der oberen Kante so stark verbogen, daß sie die Negative bei k und k_1 berührt (Abb. 47), so gelingt es meist durch vorsichtiges Zurückbiegen des gekrümmten Plattenrückens und der gekrümmten Fahne mit Hilfe einer

Flachzange und sofortiges Zwischenstecken eines oder mehrerer Glasrohre, den Kurzschluß zu beseitigen.

Hat man festgestellt, daß oben ein Brettchen von einer stark gekrümmten Positiven durchgedrückt ist (Abb. 47), so setzt man ein neues mit wagrechter Holzfaser ein und neben dieses, an die Kurzschlußstelle, ein zweites Brettchen mit senkrechter Faser, das nur 8 bis 10 cm lang zu sein braucht. Dann ist ein nochmaliges Durchdrücken so gut wie ausgeschlossen, da die scharfe Kante des Rückens der Positiven gegen ein Doppelbrett mit sich kreuzenden Fasern stößt.

Ergibt sich unten (Abb. 58) oder in der Mitte (Abb. 59) eine unmittelbare Berührung zweier Platten infolge starker Krümmung, so versucht man zunächst, je nach der Art des Einbaues, durch Dazwischenschieben dünner, unbeschädigter Glasrohre (Zwischenglasrohre), die mit dem zugespitzten Ende einzuführen sind, oder durch ein neues Holzbrettchen mit übergeschobenen Stäben die Platten zu trennen.

Sollte dies nicht gelingen, dann schneidet man am besten die stark gekrümmte Platte heraus und ersetzt sie durch eine gut geladene Platte aus einem solchen Zellenschalterelement, das in der Nähe der Stammbatterie liegt, das zwar stets mitgeladen, aber doch nicht ganz so stark wie die Stammzellen entladen wird (Abb. 29). Nun richtet man die gekrümmte Positive zwischen zwei Brettern, die man zuvor glatt gehobelt hat, und schneidet ein Stück ab, falls sie zu lang sein sollte. Dann setzt man sie in das Zellenschalterelement ein, dem man die Ersatzplatte entnommen hatte.

Sind in einer unter Kurzschluß stehenden Zelle die Platten so stark nach der Seite gewachsen, daß sie sich um die Glasrohre oder Holzstäbe herumgebogen haben (Abb. 60) oder sich schon an die Stützscheiben anpressen, so ist es am richtigsten, sämtliche Positive des betreffenden Elements zu entfernen, damit nicht auch noch die Negativen verdorben werden, und sie durch neue zu ersetzen. Wollte man sie durch Abschneiden schmäler machen, so würden sie zerfallen.

Damit aber die Batterie im Betriebe auch in der Zeit, die bis zum Ersatze der herausgenommenen Positiven vergeht, weiter benutzt werden kann, muß die betreffende Zelle überbrückt werden.

9*

Wenn es irgend möglich ist, schaltet man während der Überbrückung die Batterie aus, schneidet sämtliche Positive

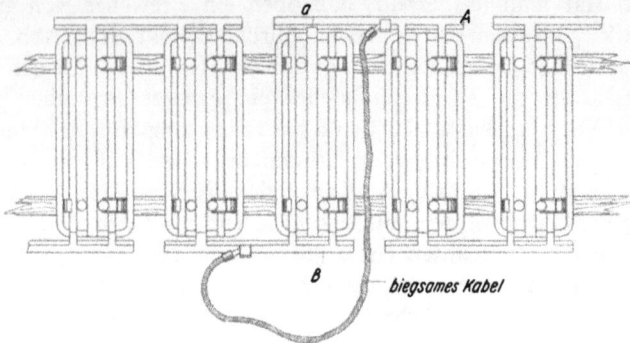

Abb. 73.

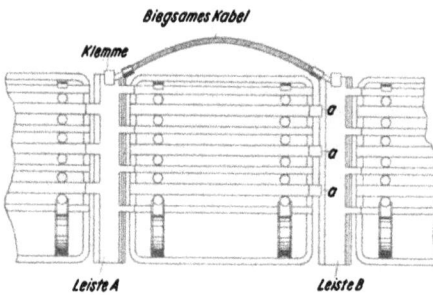

Abb. 74.

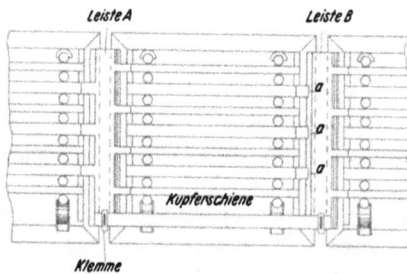

Abb. 75.

von der Leiste bei *a* ab und verbindet bei kleinen Zellen die Leisten *A* und *B* durch ein genügend starkes, biegsames Kabel (Abb. 73 und 74), bei großen durch eine Kupferschiene (Abb. 75), die man an die blank geschabten Leisten *A* und *B* mit Hilfe der Klemme (Abb. 70) befestigt, worauf die Batterie wieder aufs Netz geschaltet wird.

Ist aber die Trennung der Batterie vom Netz nicht möglich, so muß man die Überbrückung bei geringer Belastung vornehmen. Ist z. B. der höchste Entladestrom dreistündig 1000 Amp., so dürfte die Zelle ca. 28 positive Platten besitzen. Der höchste Entladestrom, den sie verträgt, ist der einstündige, der sich mit Hilfe der Abb. 19 wie folgt berechnen läßt:

Kapazitätsfaktor 0,685; dreistündige Kapazität 3000 Ah; demnach die einstündige Kapazität ca. $3000 \cdot 0,685 = 2070$ Ah. Folglich ist auch der einstündige Entladestrom 2070 Amp. Eine positive Platte des betreffenden Elements verträgt also maximal eine Strombelastung von $\frac{2070}{28} = 74$ Amp. Ist nun der Betriebsstrom der Batterie z. B. auf 200 Amp. gesunken, so schneidet man alle positiven Platten bis auf drei heraus ($3 \cdot 74 = 222$ Amp.) und nimmt dann möglichst schnell die Überbrückung vor. Ein bedenklicher Kurzschlußstrom kann jetzt nicht mehr auftreten, da die Zahl der Plattenpaare stark verringert ist. Nach Herstellung der Überbrückung werden sofort auch die letzten drei positiven Platten entfernt.

Hat man durch äußere und innere Besichtigung einer Zelle, die unter Kurzschluß steht, nicht die Ursache desselben entdecken können, ist aber durch Schlammessung festgestellt worden, daß der Bodensatz bis an die Platten heranreicht, so stehen höchstwahrscheinlich beide Plattensorten im Schlamm.

Ist er hart, so müssen nach Überbrückung der Zelle sämtliche Platten ausgebaut werden, damit man ihn entfernen kann. Hat der Kurzschluß schon längere Zeit bestanden, so sind die Platten in der Regel unbrauchbar geworden und müssen durch neue ersetzt werden.

Ist der Schlamm aber noch lose, so empfiehlt es sich, ihn sofort mit Schlammlöffel oder Pumpe zu entfernen. (Siehe Kap. III, Abschn. B 1.)

Falls bei einem Elemente die Gasentwicklung später auftritt als bei den übrigen, so sind in der Regel mehrere Nebenschlüsse mit ziemlich hohem Widerstande vorhanden. Der Kompaß schlägt zwar aus, aber das Maximum ist so lang andauernd, daß man versucht sein könnte, sämtliche Bretter aus der Zelle zu nehmen. In einem solchen Falle schafft man häufig dadurch Abhilfe, daß man die Bretter ein wenig anhebt, wodurch die feinen Nebenschlüsse jedenfalls zerstört werden. Manchmal hilft auch eine starke Nachladung derartiger Zellen, weil der Ladestrom die Nebenschlüsse wahrscheinlich ausbrennt.

2. Nachladung zurückgebliebener Zellen.

Ist aus einer Zelle der Kurzschluß entfernt worden, so bedarf ein solches Element meist einer sehr gründlichen Nachladung.

Vielfach wird diese nicht ausgeführt, da die betreffende Zelle bei der nächsten Ladung schon wieder lebhaft gast. Steht aber die Säuredichte noch sehr tief, so ist das betreffende Element trotz guter Gasentwicklung nicht geladen. Die Gasblasen können dann in die harten Plattenoberflächen der Positiven nicht eindringen, um das Bleisulfat in Bleisuperoxyd zu verwandeln; sie steigen deshalb einfach in die Höhe, wodurch der Anschein erweckt wird, als sei das Element völlig aufgeladen.

Es ist deshalb erforderlich, sofort nach Entfernung des Kurzschlusses die Säuredichte in der betreffenden Zelle zu messen und die Messung zu wiederholen, sobald eine Aufladung stattgefunden hat.

Ist die Säuredichte stark gestiegen, so hat der Kurzschluß nur sehr kurze Zeit bestanden und eine Verhärtung der Plattenoberfläche ist nicht eingetreten. Dann wird sich das Element ganz allein nach einigen Ladungen erholen und die richtige Säuredichte zeigen, besonders wenn einigemal etwas reichlich ge- und nicht zu stark entladen wird.

Ist aber die Säuredichte des fraglichen Elements nach der ersten stärkeren Ladung nur ganz unerheblich gestiegen, so ist es zunächst am besten, dasselbe nochmals mittels Kompasses auf Kurzschluß zu untersuchen. Kann keine leitende Verbindung zwischen irgendeinem Plattenpaare gefunden werden, so ist nunmehr die betreffende Zelle gesondert nachzuladen, da mehrere aufeinanderfolgende Überladungen der gesamten Batterie deren positive Platten schädigen würden.

Nachladungen einzelner Zellen sind bei Betriebsleitungen und Maschinenmeistern nicht gerade beliebt, da man sich meist über eine zweckmäßige Ausführung nicht im klaren ist, ja wohl gar eine derartige Nachladung für unmöglich hält. Da es aber ungemein wichtig ist, daß Nachladungen rechtzeitig und mit den einfachsten Mitteln ausgeführt werden,

um kostspielige Reparaturen zu vermeiden, so sollen
die Nachlademöglichkeiten
eingehend besprochen werden.

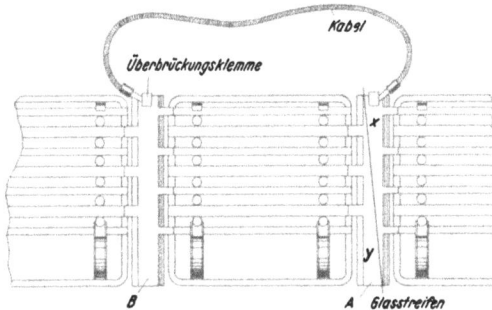

Abb. 76.

a) Die Nachladung von Elementen durch **Einschalten
bei Ladung** und **Ausschalten bei Entladung.**

Soll z. B. die Zelle Nr. 2 (Abb. 76) nachgeladen werden, so durchschneidet man nach
Ausschaltung der Batterie die Leiste A mit
einer dünnen Stichsäge der Länge nach, wie
Abbildung zeigt. Die Schnittflächen trennt
man am besten durch einen Glasstreifen. (Preß-
span ist nicht zu empfehlen, da derselbe während der Ladung die Feuchtigkeit der Luft ein-
saugt und deshalb fähig wird, den Strom zu
leiten, wodurch Kurzschluß der Zelle Nr. 2
herbeigeführt werden könnte.) An die halben
Leisten x und y lötet man zweckmäßig bei
Holzkastenbatterien, die hohe Stromstärken
abgeben, Flachkupferstücke von der Form k
mit Zinn an (Abb. 77) und versieht sie mit
einer kräftigen Mutter zur Aufnahme der
Kabelstücke. Letztere müssen natürlich einen
solchen Querschnitt haben, daß sie die Lade-

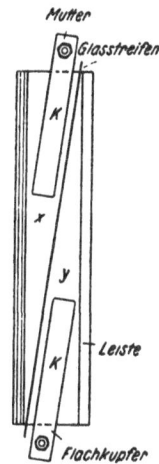

Abb. 77.

stromstärke vertragen; sie sind außerdem stets in mehreren
Exemplaren vorrätig zu halten. — Bei Glasbatterien und
Holzkastenbatterien mit geringer Lade- und Entlade-
stromstärke verwendet man zweckmäßig die von der Ak-

kumulatorenfabrik   mitgelieferten   Überbrückungsklemmen
(Abb. 70).

Handelt es sich um Glasbatterien mit Seitenlötung
und soll hier z. B. Zelle Nr. 4 nachgeladen werden, so schneidet
man Leiste *A* bei *s* durch (Abb. 78).

Man verbindet nun bei Ladung *x* und *y*, wodurch die
Nachladung der Zelle Nr. 2 (Abb. 76) resp. Nr. 4 (Abb. 78) er-
reicht wird. Wird nun die Batterie aufs Netz entladen, so
schaltet man die betreffende Zelle gänzlich aus; dies ist in
Abb. 76 und 78 dargestellt. Auf diese Art wird das kranke
Element zwar ge-, aber nicht entladen. Es ist demnach eine
starke Ladung der betreffenden Zelle möglich, ohne daß die
Stammbatterie in Mitleidenschaft gezogen wird.

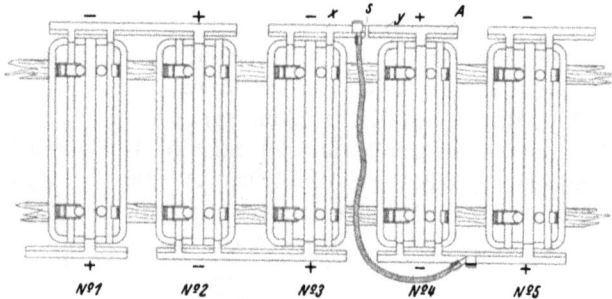

Abb. 78.

Glaubt man auf Grund des Säurestandes und
der Gasentwicklung annehmen zu dürfen, daß die betreffende
Zelle genügend geladen ist, so schaltet man sie zunächst einmal versuchsweise bei Entladung der gesamten Batterie durch
Verbindung der Klemme *x* mit *y* ein und stellt dann bei Ladung
durch Beobachtung fest, ob ihre Gasentwicklung zur selben
Zeit wie bei den übrigen Elementen und ebenso lebhaft auftritt.

Ist dies nicht der Fall, so empfiehlt es sich, die Zelle
nochmals nach der beschriebenen Methode aufzuladen. Hat
man aber festgestellt, daß die nachgeladene Zelle ebenso gast
wie die übrigen, so entferne man Klemmen und Kabel und
verlöte die Leiste *A* mittels Lötlampe und Pollaklotes, nachdem man die Schnittflächen genau aneinandergepaßt und

sorgfältig blank geschabt hat. (Das Pollaklot liefert jede Akkumulatorenfabrik.)

b) Die Nachladung von Elementen durch **Einschalten bei Ladung** und **Gegenschalten bei Entladung**.

Vielfach kommt es darauf an, daß das Nachladen zurückgebliebener Zellen sehr schnell vor sich geht, weil eine sehr

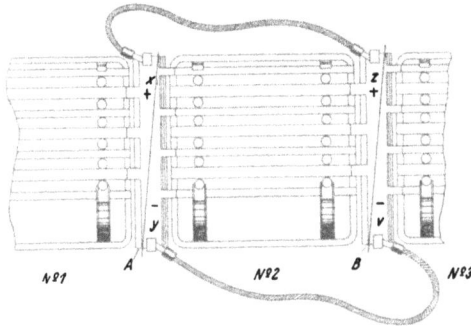

Abb. 79.

starke Batteriebelastung unmittelbar bevorsteht, so daß sämtliche Zellen gebraucht werden. Dann kann man gegen-

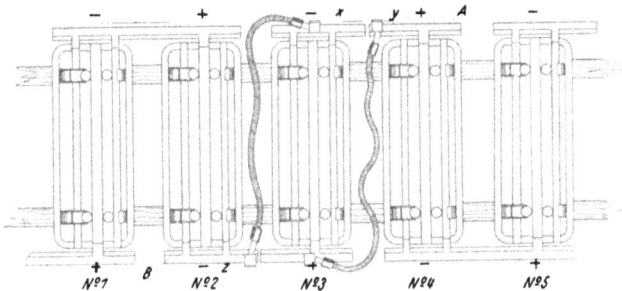

Abb. 80.

über der in Abschnitt a) beschriebenen Methode die Nachladung ungefähr in der halben Zeit beenden, wenn man das nachzuladende Element Nr. 2 (Abb. 79) oder Nr. 3 (Abb. 80) bei Entladung nicht aus-, sondern gegenschaltet, so daß es auch bei Entladung der gesamten Batterie geladen wird.

Man zerschneidet beide Leisten *A* und *B* und verbindet *x* mit *z* sowie *y* mit *v*. Hierdurch fällt die Entladespannung der Batterie nicht nur um die Spannung der nachzuladenden Zellen, sondern ungefähr um den doppelten Wert, weil ja bei Entladung der Batterie diese Elemente Gegenspannung entwickeln.

c) Die Nachladung von **Zellenschalterelementen mit Hilfe des Doppelzellenschalters.**

Bereits an Hand der Schaltung Abb. 31 war gezeigt worden, daß die Zellenschalterelemente zwischen Lade- und Entlade-hebel mehr Ladestrom erhalten als die Stammbatterie, falls ein Teil desselben durch den Entladehebel ins Netz gesandt

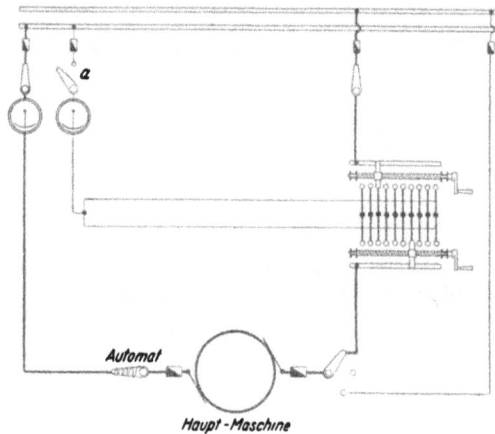

Abb. 81.

wird. Dies kann man benutzen, um auf bequeme Weise zu-rückgebliebene Zellenschalterelemente nachzuladen. Bei sol-chen in der Nähe der Stammbatterie läßt sich dies bei genügen-der Netzbelastung unter Umständen mit einer einzigen Ladung durchführen. Bei den ersten Zellenschalterelementen dagegen wird man diese Nachladung mehrmals ausführen müssen, um die übrigen nicht zu überladen; man wird zweckmäßig diese Zellen so lange nicht zur Entladung heranziehen, bis sie ordentlich geladen sind.

Man kann aber auch den Strom der Hauptmaschine durch die nachzuladenden Zellen ins Netz senden (Abb. 81); es muß dann natürlich die Batterie durch Schalter *a* vom Netze getrennt sein. Bei Dreileiteranlagen oder beim Vorhandensein einer Zusatzmaschine läßt sich das beschriebene Verfahren sinngemäß anwenden. Auf diese Art werden sich besonders die ersten Schaltzellen schnell nachladen lassen.

Ist nur eine Batterie vorhanden, so wird man während der Nachladung allein mit der Hauptmaschine die Netzspannung konstant halten müssen. Stehen aber zwei Batterien in Parallelschaltung zur Verfügung, von denen die vollständig gesunde aufs Netz geschaltet wird, so macht die Nachladung nicht die mindesten Schwierigkeiten.

d) Die Nachladung von Elementen durch **Zusatz- oder Hauptmaschine.**

Es ist auch möglich, Stamm- oder Zellenschalterelemente nachzuladen, ohne daß man die Bleileisten zerschneidet, falls nur verschiedene genügend lange und starke biegsame Leitungen oder Kabel zur Verfügung stehen.

Am einfachsten und auch billig ist die Nachladung durch Zusatzmaschine, da sich die Spannung derselben von wenigen Volt ab stufenweise aufwärts regulieren läßt. Mit ihrer Hilfe lassen sich ohne weiteres Zellen nachladen, wenn man die Maschine nach doppelpoliger Abschaltung vom Netze mit den Bleileisten des nachzuladenden Elements mittels flexibler Kabel oder Leitungen verbindet, natürlich unter Zwischenschaltung zweier Sicherungen, eines Amperemeters und eines doppelpoligen Ausschalters. Vor der Zuschaltung vergleicht man die Spannung der nachzuladenden Zellen mit derjenigen der Maschine, die man ein klein wenig höher einstellt; auch prüft man mittels Polreagenzpapiers oder Voltmeters, ob die Anschlüsse richtig ausgeführt sind. Hierauf wird der Ausschalter geschlossen und der Strom mit Hilfe des Nebenschlußreglers der Zusatzmaschine auf die richtige Höhe gebracht.

Ist keine Zusatzmaschine vorhanden, so kann man die direkte Ladung nachgebliebener Elemente auch mit Hilfe einer Hauptmaschine ausführen. Ist sie z. B. für 500 Amp. eingerichtet, und kann der Akkumulator mit 1500 Amp. geladen werden, so sichert man doppelpolig mit 500 Amp.; kann aber die Maschine z. B. 2000 Amp. liefern, und vertragen die Elemente nur 700, so ist mit dieser letzten Stromstärke zu sichern. Wird dies sorgfältig beobachtet, so kann nicht das geringste passieren!

Die erforderliche sehr niedrige Spannung stellt man dadurch her, daß man in das Feld der Maschine, mit dem Regler in Hintereinanderschaltung, noch einige parallel geschaltete Glühlampen einfügt. Hierdurch läßt sich der Magnetisierungsstrom außerordentlich schwächen, wodurch naturgemäß die Klemmenspannung der Maschine beträchtlich fällt. Die Maschine ist selbstverständlich gleichfalls doppelpolig vom Netze zu trennen und durch Kabel usw. genau, wie vorher beschrieben, mit den nachzuladenden Zellen zu verbinden. Bevor man sie jedoch mit den Elementen zusammenschaltet, probiert man erst aus, welchen Einfluß das Zu- und Abschalten von Glühlampen auf ihre Klemmenspannung ausübt. Da nämlich die Feldstärke so außerordentlich gering ist, so bewirkt jede geringe Steigerung des Magnetisierungsstromes schon ein beträchtliches Anwachsen des magnetischen Feldes und damit der Klemmenspannung. Man muß daher die Schaltung der Glühlampen so einrichten, daß bei Zuschalten von 1 oder 2 Lampen sich die Spannung nicht rapid ändert, sondern höchstens um 8 bis 10 Volt. Durch Vertauschen der Glühlampen mit solchen von anderer Kerzenstärke hat man ein weiteres Mittel an der Hand, die Klemmenspannung zu erhöhen oder zu erniedrigen.

Ist nun z. B. eine Zelle nachzuladen, die eine Ruhespannung von ca. 2,04 Volt laut Spannungsmesser habe, so stellt man die Spannung der Maschine auf etwa 4 bis 6 Volt ein und schließt dann den Schalter. Es wird dann Strom nach der Zelle fließen und am Kollektor der Maschine Funkenbildung auftreten. Man verschiebt jetzt die Bürsten im Sinne der Drehung so weit, bis kein Feuern mehr zu bemerken ist, und steigert den Strom evtl. mit Hilfe einer der erwähnten Glühlampen, indem man gleichzeitig die Bürsten auf funkenfreie Stellung nachdreht.

Das eben beschriebene Verfahren erfordert einige Überlegung und sehr vorsichtiges Handeln, ist aber verhältnismäßig billig, da die Maschine während der Nachladung fast unbelastet läuft.

Ein wesentlich teureres, dafür aber einfacheres Verfahren,

das kein geübtes Personal erfordert, ist das, bei voller Spannung der Hauptmaschine mit Hilfe eines Wasserwiderstandes nachzuladen, welcher die überschüssige Spannung abdrosselt. Zu beachten ist hierbei, daß bei Beginn der Ladung nur reines Wasser im Fasse sein und der Strom ausschließlich durch vorsichtiges Zugießen von Säure reguliert werden darf. Die Nachladung einiger Zellen kostet bei diesem Verfahren so viel als die Ladung der ganzen Batterie; es ist deshalb am

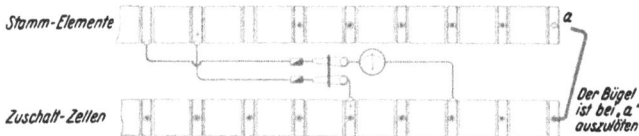

Abb. 82.

wenigsten zu empfehlen. Die hohen Kosten werden durch den Verbrauch der vollen Spannung verursacht.

e) Die Nachladung einiger Elemente **mittels Wanderklemmen.**

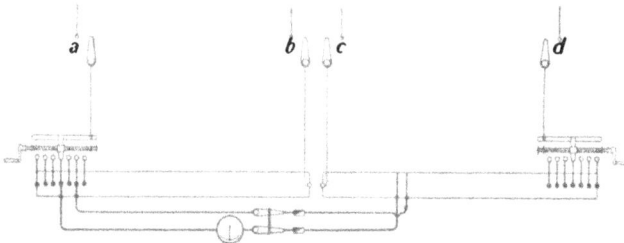

Abb. 83.

Man entlädt, wie Abb. 82 zeigt, einige wenig gebrauchte Zellenschalterelemente auf die nachzuladende Zelle. Es ist stets ein Zuschaltelement mehr nötig als nachzuladende Elemente vorhanden sind.

Die Zellenschalterelemente entlädt man nun nicht völlig, sondern unterbricht nach etwa einer Stunde den Strom und klemmt die Kabel oder biegsamen Leitungen an benachbarte Zellenschalterelemente, so daß letztere auch einmal teilweise entladen werden, ein Verfahren, das den Positiven dieser Zellen sehr dienlich ist. Diese Methode der Nachladung

ist sehr einfach und billig und nützt den sonst wenig beanspruchten Zuschaltzellen, kann also sehr empfohlen werden.
— Abb. 83 zeigt das gleiche Verfahren bei Dreileiterbatterien;
die Schalter a, b, c, d dürfen natürlich nicht geschlossen werden.

Nachladungen nehme man zunächst, wenn möglich,
mit dem höchstzulässigen Strome vor. Sobald aber an den
Positiven oder Negativen Gasentwicklung einsetzt, erniedrigt
man den Strom auf $^1/_{10}$ des höchstzulässigen.

Mit solch schwachem Strome läßt sich die Säuredichte
viel schneller hochbringen als mit einem starken. (Siehe
nächsten Abschnitt.)

3. Überladung zwecks Beseitigung des Sulfats im Innern der Masse.

Durch normale Ladung können große Bleisulfatkristalle, falls sie im Innern der Masse auftreten, nicht
beseitigt werden.

Der Grund ist folgender: Die meisten Bleisulfatkristalle
haben ein wesentlich größeres Volumen als strukturlose
Bleisulfatteilchen in äußerst feiner Verteilung. Da aber mit
zunehmendem Inhalt die Oberfläche der Körper abnimmt,
so haben verhältnismäßig große Mengen kristallisierten
Sulfats keine größere Oberfläche als eine viel kleinere Quan-
tität strukturlosen schwefelsauren Bleies.

Bei Ladung wird das von der vorangegangenen Entladung herrührende strukturlose Sulfat sowie auch kristalli-
siertes beseitigt. Obwohl nun noch viel von letzterem vorhanden ist, füllen sich die Poren vorzeitig mit Gas, da es
eben aus obigen Gründen eine zu geringe Angriffsfläche vorfindet. Dann hört die Umwandlung des Bleisulfats zu Bleischwamm oder Superoxyd auf, und an den Platten setzt
die sichtbare Gasentwicklung ein. Sobald Negative wie Positive lebhaft gasen, schaltet das Personal den Ladestrom
aus. Ein Teil des kristallisierten Sulfats ist also immer noch
im Innern der Masse vorhanden!

Wenn man dasselbe beseitigen will, so muß man dafür
sorgen, daß sich die Poren nicht vorzeitig mit Gas füllen
Dies wird erreicht

1. durch Überladung mit **äußerst schwachem** Strom;
2. durch Überladung mit **beliebigem** Strom unter Einschaltung von **Ruhepausen.**

Es ist ohne weiteres klar, daß bei Anwendung eines sehr kleinen Ladestromes in der Zeiteinheit nur sehr geringe Mengen Gas in den Poren entwickelt werden, so daß auch bei kleiner Oberfläche der noch bestehenden großen Sulfatmengen aller Sauer- und Wasserstoff völlig chemisch gebunden wird.

Die Batterie lädt man vor dem Aufbesserungsverfahren am besten wie gewöhnlich, schaltet dann den Strom 15 Minuten lang aus, damit das Gas die Poren verlassen kann, und fährt dann wieder mit schwachem Strom, ca. $^1/_{10}$ bis $^1/_{15}$ des höchstzulässigen, auf Ladung. Je nach der Höhe des Stromes und der Menge des Sulfats wird nach ca. 3 bis 6 Stunden unter normalen Verhältnissen lebhafte Gasentwicklung an beiden Plattensorten einsetzen. Dann ist das Sulfat an Positiven wie Negativen beseitigt; die Säuredichte ist gestiegen.

Überladung unter Einschaltung von Ruhepausen wird in der Regel mit der Hälfte des höchstzulässigen Stromes ausgeführt. Nach gewöhnlicher Aufladung der Batterie schaltet man den Strom eine Stunde lang aus. Nach Wiedereinschaltung dauert es in der Regel nicht lange, so fangen die Negativen infolge des hohen Stromes zu gasen an, wesentlich später auch die Positiven. Sobald dies der Fall ist, wird der Ladestrom wiederum eine Stunde lang ausgeschaltet, worauf abermals mit dem gleichen Strome wie vorher geladen wird. Nach jeder weiteren Ruhepause gasen die Negativen beinahe sofort, die Positiven in immer kürzeren Zwischenräumen, weil dort das Sulfat immer mehr abnimmt. Das Verfahren ist so lange fortzusetzen, bis beinahe sofort nach Einschalten des Stromes beide Plattensorten Gas entwickeln. Abb. 84 zeigt, wie nach jeder Ruhepause die Ladespannung immer schneller den Höchstwert erreicht. Die Ruhepausenladung erfordert 6 bis 10 Stunden und wirkt nur stark auf die Positiven.

Vergleicht man beide Methoden, so sieht man, daß die erste wesentlich vorteilhafter als die zweite ist; denn man bessert durch sie stets beide Plattensorten auf, kann das kleinste vorhandene Maschinenaggregat verwenden und erspart das öftere Zu- und Abschalten. Ferner werden auch die

+ Platten geschont, da die mehrmalige Gasentwicklung fortfällt.

Neuerdings werden vielfach die beiden beschriebenen Methoden zwecks **Ladungserhaltung** vereint angewendet. Man lädt zunächst mit Ruhepausen, überzeugt sich, daß alle Zellen gleichmäßig gasen, um darauf mit äußerst schwachem Strom weiterzuladen. Dieser ist so einzustellen, daß bei einem spezifischen Gewicht der Säure von 1,2 die Spannung pro Zelle 2,15 Volt nicht überschreitet, resp. 2,1 Volt nicht unterschreitet. Die Ladestromstärke ist dann $\frac{1}{400}$ bis $\frac{1}{1000}$ des dreistündigen Entladestromes. Diese kleine Stromstärke erhält

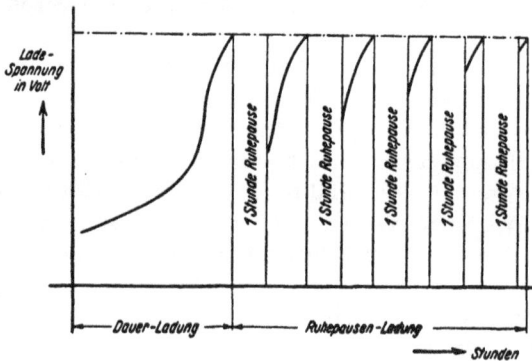

Abb. 84.

man, falls man der Batterie eine Glühlampe entsprechenden Wattverbrauchs vorschaltet. Diese Stärkungsladung wird so lange durchgeführt, bis die Säuredichte nicht mehr steigt.

4. Tiefe Entladung zwecks Beseitigung eines Sulfatüberzugs an den positiven Platten.

Durch einfache Ladung bis zum Eintritt der Gasentwicklung an beiden Plattensorten läßt sich eine dünne Sulfatschicht, welche die positiven Platten überzogen hat, nicht entfernen.

Durch sehr lange, **ununterbrochene** Überladung mit Gasentwicklung kann sie zwar in besonders günstigen Fällen beseitigt werden, weil das heftig aufsteigende Gas

allmählich das Sulfat abreißt. Dies kostet aber viel Ladeenergie.

Ruhepausenladungen, die ja hauptsächlich nur Sulfat im Innern der Masse beseitigen, üben nur geringe Wirkung
aus.

Nur durch ein- oder mehrmalige tiefe Entladung mit möglichst niedrigem Strome, z. B. dem zehnstündigen, bis zur zulässigen Spannungsgrenze läßt sich das er-
strebte Ziel mit verhältnismäßig geringen Kosten erreichen;
es wird nämlich durch die starke Volumenänderung der Masse
die Sulfatschicht derart gelockert, daß sie durch die starke
Gasentwicklung gegen Schluß der Ladung abblättert.

Mit der Masse ist aber auch eine Veränderung vorgegangen.
Es hat nämlich das Sulfat, das bei tiefer Entladung mit
schwachem Strome in großen Mengen entsteht, die Masse
zum Quellen gebracht. Dieses größere Volumen hat sie auch
noch am Schlusse der darauf folgenden Ladung, so daß sich
also die Poren geweitet haben müssen. Die Säure kann infolgedessen sehr leicht ins Innere der Masse dringen und die
Kapazität, die ja weit unter die garantierte gesunken ist,
muß steigen.

Schaltet man außerdem noch nach einer tiefen Entladung
den Akkumulator doppelpolig vom Netze ab und überläßt
ihn 10 bis 20 Stunden lang der Ruhe, so tritt eine Vermehrung
des bereits vorhandenen Sulfats durch Selbstentladung
zwischen Superoxyd und Sulfat oder Superoxyd und Bleiträger auf, die noch ein weiteres Quellen der Masse zur Folge
hat, also ebenfalls günstig auf die Kapazität wirkt.

Daß tatsächlich eine tiefe Entladung mit darauf
folgender vielstündiger Ruhe in günstigem Sinne die
Kapazität des Akkumulators beeinflußt, geht auch daraus
hervor, daß eine Zelle, die kurze Zeit unter Kurzschluß gestanden hat und dann kräftig aufgeladen wird, unter Umständen mehr Kapazität besitzt als die übrigen Zellen derselben Batterie.

Es empfiehlt sich, nach der tiefen Entladung zunächst
in gewöhnlicher Weise bis zu kräftiger Gasentwicklung zu
laden und dann eine Überladung mit schwachem Strom oder
eine solche unter Einschaltung von Ruhepausen vorzunehmen

(siehe vorangehenden Abschnitt), um möglichst alles Sulfat auch im Innern der Platten zu beseitigen.

Wird eine tiefe Entladung mit zehnstündigem Strome und sofort folgender gewöhnlicher Ladung vorgenommen, so ist eine Zeit von 15 Stunden erforderlich. Wird aber nach der tiefen Entladung eine Ruhepause von 15 Stunden eingeschaltet und erfolgt dann z. B. Ladung mit Ruhepausen, so sind ca. 38 Stunden zur Aufbesserung der Positiven nötig.

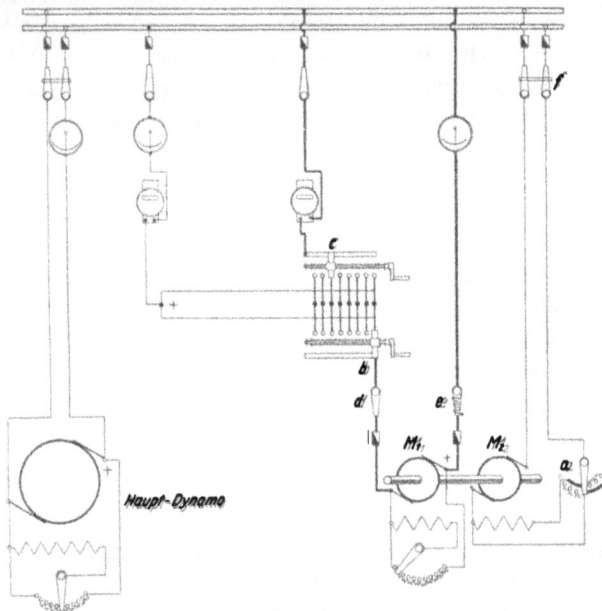

Abb. 85.

Man sieht hieraus, daß man es gar nicht bis zu einer schwer zu beseitigenden Sulfatbildung an der Oberfläche der Positiven kommen lassen sollte, da eine Aufbesserung dieser Platten viel Zeit beansprucht und ohne Betriebsstörung kaum abgehen dürfte.

Ohne eine solche lassen sich nur die ersten Zuschaltzellen einer Lichtbatterie, in denen ja bekanntlich die Positiven stets verhärten, tief entladen, falls ein Doppelzellenschalter und eine elektrisch angetriebene Zusatzmaschine vorhanden sind. Es ist dann weder eine Schaltungsänderung nötig, noch werden die Stammzellen irgendwie in Mitleidenschaft gezogen. Man läßt die Zusatzmaschine M_1 (Abb. 85) einfach als Motor laufen, wobei sie ihren Antriebselektromotor M_2 dreht, dessen Feld man nur entsprechend mit Hilfe des Reglers a zu stärken braucht, damit er als stromerzeugende Maschine aufs Netz arbeitet. Je mehr dann Strom ins Netz geliefert wird, um so stärker ist die als Motor laufende Zusatzmaschine M_1 belastet und desto größer ist der Strom, mit dem die ersten Zuschaltzellen entladen werden. Mit Hilfe des Feldreglers a läßt sich der Entladestrom der kranken Zuschaltzellen regulieren. Bevor man die Zusatzmaschine M_1 als Motor mit den Zellen verbindet, muß der Ladehebel b natürlich auf denselben Kontakt wie der Entladehebel c gestellt werden. Nach Schließung der Ausschalter d, e wird der Ladehebel b allmählich auf die erste Zuschaltzelle verschoben. Sollte Maschine M_2 kein Voltmeter besitzen, so ist ein solches provisorisch einzubauen. Nach dem üblichen Vergleichen der Netz- und Maschinenspannung ist dann Schalter f zu schließen. Feuert Maschine M_2, so ist der Bürstenhalter im Sinne der Drehrichtung etwas zu verschieben; feuert dagegen Maschine M_1, so hat seine Verstellung im entgegengesetzten Sinne zu geschehen.

5. Ventilation des Akkumulatorenraumes.

Ist in einem Akkumulatorenraume nur eine äußerst mangelhafte oder gar keine Ventilation vorhanden, so daß die Temperatur 30 bis 40 ^{0} C. erreichen kann, oder steht eine Reihe Zellen an einer durch den Schornstein stark geheizten Wand, so empfiehlt es sich, ohne Verzug für Entfernung der Wärme zu sorgen (siehe Fall 21).

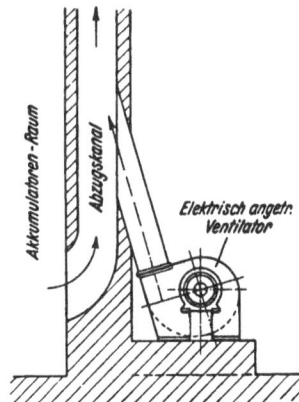

Abb. 86.

Ein Versuch mit mehreren Entlüftungskanälen, die man aus Tonrohren von 200 bis 300 mm lichter Weite herstellt

10*

und so hoch über Dach führt, daß ihre oberen Öffnungen un-
gehindert vom Winde bestrichen werden, dürfte meist zum
Ziele führen.

Sollte jedoch damit eine ausreichende Lüftung nicht
erzielt werden, so bleibt nichts anderes übrig, als Ventilation
mittels elektrisch angetriebener Ventilatoren vorzusehen, und
zwar so, daß der Säuredunst aus dem Raume entfernt wird,
ohne mit dem Ventilator in Berührung zu kommen (Abb. 86).

Ist eine Batterie versichert, so ist der Besitzer auf
alle Fälle verpflichtet, heiße Räume genügend zu
entlüften, wenn es von seiten der Akkumulatorenfabrik
verlangt wird.

B.

Mittel, das im Interesse der Haltbarkeit der Batterie
vom Besitzer angewandt werden kann:

1. Entfernung des Schlammes.

Pflicht jeder Betriebsleitung ist es, das Personal anzuhalten,
von Zeit zu Zeit die Höhe des Schlammes zu messen (siehe
Kap. II, Abschn. 4), damit Kurzschlüsse durch zu hohe
Schlammablagerung sicher vermieden werden.

Ist die Batterie versichert, so muß die zuständige Akkumulatorenfabrik benachrichtigt werden, noch bevor der Schlamm
die Platten erreicht. Die Fabrik entsendet dann einen Monteur,
der mit Spezialwerkzeugen die Zellen reinigt. Die Firma
verfügt jedoch im Sommer, wenn viele Neumontagen stattfinden, nicht immer frei über ihre Monteure. Es können
dann unter Umständen 8 bis 14 Tage vergehen, ehe der Monteur
erscheint. Erfolgt also die Benachrichtigung erst dann, wenn
der Schlamm die Platten berührt, so kann leicht die Batterie
bereits einen nicht wieder gutzumachenden Schaden erlitten
haben, ehe man zur Entfernung des Schlammes schreitet.
In einem solchen Fall ist die Akkumulatorenfabrik möglicher-
weise berechtigt, von ihren Verpflichtungen zurückzutreten,
da sie aufmerksame Wartung der Batterie unter
allen Umständen fordern darf.

Aufmerksame Wartung ist aber auch selbstverständlich,
wenn die Batterie nicht versichert ist: alle Reparaturkosten

also zu Lasten ihres Besitzers gehen. Nur fragt es sich dann, ob die Reinigung der Batterie durch das Bedienungspersonal vorgenommen werden darf, oder ob der Besitzer die Hilfe der Akkumulatorenfabrik in Anspruch nehmen soll.

Holzkastenbatterien können sachgemäß nur von einer Akkumulatorenfabrik entschlammt werden. Von einer Reinigung durch das eigene Personal ist deshalb abzuraten, weil man von außen nicht ohne weiteres erkennen kann, ob auch der Schlamm gründlich entfernt wurde. Man kann ferner nicht sehen, ob Plattenstücke, Glasrohre oder sonstige Fremdkörper in den Elementen verblieben sind, die weiterhin evtl. Kurzschluß verursachen. Man glaubt, Schlamm und Fremdkörper vollständig beseitigt zu haben, während dies tatsächlich nur mangelhaft geschehen ist. Hat der Schlamm noch dazu längere Zeit Kastenschluß gehabt, so ist er hart und sehr fest und kann mittels Schlammpumpe nicht entfernt werden.

Die Akkumulatorenfabrik A.-G., Berlin, ist imstande, derartige Batterien in sehr kurzer Zeit ohne jede Betriebsstörung wirklich sachgemäß zu reinigen, da sie harten Schlamm, der sich in der Regel nur in einem Teil der Zellen befindet, mit Spezialwerkzeugen, wie Schlammkratzen, Schlammlöffeln usw. entfernt, weichen dagegen mit einer Motor-Schlammpumpe hoher Leistungsfähigkeit. Hierbei ist der Säureverlust unerheblich, da das abgepumpte Schlamm-Säuregemisch sich sehr bald klärt und dann die vollkommen reine Säure wieder in die Zellen nachgefüllt werden kann.

Die Reinigung der Glasbatterien durch das eigene Personal ist im allgemeinen auch nicht zu empfehlen, da Zuverlässigkeit und Geschicklichkeit erforderlich sind, um durch Herausnehmen von Platten, durch Stöße usw. das Material nicht zu beschädigen. Außerdem muß der Schlamm sämtlicher Zellen weich sein, damit keine Spezialwerkzeuge nötig sind, und er mit einer Pumpe entfernt werden kann. Diese muß aber äußerst einfache, säurefeste Klappenventile besitzen, die ein Verstopfen und Festsetzen während des Betriebes ausschließen. Das Saugrohr darf nur aus Zelluloid sein, das den Strom nicht leitet und nach Begießen mit

heißem Wasser plattgedrückt werden kann, um seine Einführung auch bei geringen Plattenabständen zu ermöglichen.

Ing. Hoffmann, Leipzig, verkauft derartige Pumpen
(Abb. 87), bei deren Gebrauch folgendes zu beachten ist:

Vor Reinigung sind aus dem mittleren Teil einer Zelle
Glasrohre oder Holzbrettchen zu entfernen, worauf der
Schlamm mit einem Holz-
winkel tüchtig aufgerührt
und endlich das Saugrohr
eingeführt wird. Der Pum-
penkolben ist dann sehr
langsam zu betätigen.
Ist aus einer Zelle der
Schlamm entfernt, dann
muß sofort reine Säure
nachgefüllt werden, da die
Negativen sich durch den
Sauerstoff der Luft entladen. Sind sämtliche Ele-
mente gereinigt, so müssen
alle Teile der Pumpe sorgfältig mit Wasser von der
Säure befreit werden.

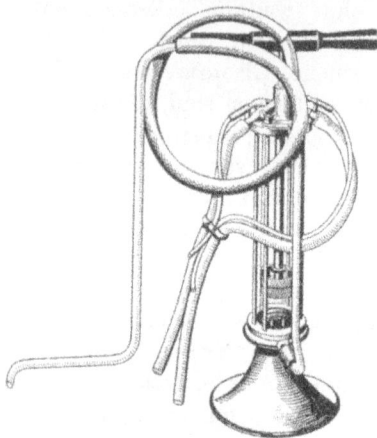

Abb. 87.

In den ersten 8 Tagen nach einer solchen Reinigung
empfiehlt es sich, die Säuredichte sämtlicher Zellen nach
jedesmaliger Ladung zu messen und auf den vorschriftsmäßigen
Wert abzugleichen.

C.

Mittel, die im Interesse der Haltbarkeit der Batterie nur
von der Akkumulatorenfabrik oder vom Besitzer nur
mit deren Einverständnis angewandt werden dürfen:

1. Einbau von Brettern zwecks Aufbesserung ge-schrumpfter oder sulfatierter negativer Platten.

Das beste Verfahren, geschrumpfte oder sulfatierte
Negative aufzubessern, ist der Einbau von harzfreien
Holzbrettchen, weil hierbei nicht die geringste Schädigung
der positiven und negativen Platten zu befürchten ist.

Diese Holzbrettchen stellen nämlich einen Speicher für Stoffe dar, die durch die Säure in äußerst geringen Mengen gelöst und durch den Ladestrom den Negativen zugeführt werden. Sie bringen die Masse zum Quellen und erleichtern dem Ladestrom die Umwandlung des Sulfats zu Bleischwamm; bei Entladung jedoch rufen sie an den Positiven keine schädliche Formierung des Bleikerns hervor, da sie wahrscheinlich verbrennen, sobald sie an die Positiven gelangen.

Es dürfte an Hand vorstehender Ausführung ohne weiteres einleuchten, daß es vorteilhaft ist, die Bretter gleich von vornherein in eine neue Batterie einzusetzen, weil dann in der Masse der Negativen die Bildung unlöslichen Bleisulfats und das Schrumpfen so lange verhindert wird, als sich noch aufbessernde Stoffe in den Brettern befinden und regelmäßig in kürzeren Zwischenräumen geladen wird. Nach langjährigem Betriebe werden natürlich die aufbessernden Stoffe aus den Brettern verschwunden sein, und es müssen dann unter Umständen neue Bretter eingesetzt werden, um die Negativen auch weiterhin in gutem Zustande zu erhalten.

Die Erfahrung hat gezeigt, daß man imstande ist, Batterien, die nur noch 50 % ihrer ursprünglichen Kapazität besitzen, in ganz kurzer Zeit wieder auf die garantierte Leistung zu bringen.

2. Teilweise Erneuerung oder Reparatur der Platten.

Sind alle oder einzelne Positive einer Batterie völlig verbraucht, zum Teil zerfallen, durchlöchert, seitlich zu stark gewachsen, oder sind in allen oder einigen Zellen die Negativen völlig verbleit, so bleibt nichts anderes übrig, als derartige Platten durch neue zu ersetzen.

Ist die Säure der ganzen Batterie oder einzelner Zellen durch Nachkochmetalle derart verunreinigt, daß ein unzulässig hoher Kapazitätsnachlaß auftritt, so kann man nichts weiter tun, als die Negativen sofort nach kräftiger Überladung (zwecks Reinigung der Säure von den Nachkochmetallen) zu entfernen und für Ersatz zu sorgen.

Manchmal glückt es ja, die Nachkochmetalle dadurch zu beseitigen, daß man die kranken Zellen so lange in ver-

kehrter Richtung lädt, bis die Negativen ein hellbraunes
Aussehen zeigen; dann lösen sich unter besonders günstigen
Umständen die Nachkochmetalle mit Hilfe des entstehenden
Sauerstoffs und gelangen in die Säure, die dann abzuziehen
und durch neue zu ersetzen ist. Hierauf erfolgt die Ladung
der Elemente im richtigen Sinne.

Hat das Mittel geholfen, so tritt jetzt, wenn sich die Bat-
terie im Ruhezustande befindet, keine oder nur ganz schwache
Gasentwicklung auf. — Soll auf die beschriebene Weise eine
Anzahl Zellen von Nachkochmetallen befreit werden, so wird
man sich natürlich durch einen Vorversuch an einer einzigen
Zelle vergewissern, ob ohne Schädigung der Negativen die
Anwendung dieses Mittels von Erfolg sein würde.

Durch Ausbau überladener Negativer können aber Chlor,
Essig- und Salzsäure sowie alle Sauerstoffüberträger, wie
Eisen- und Mangansalze, ferner Stickstoffverbindungen nicht
aus der Säure entfernt werden.

Sind sämtliche Zellen durch genannte Stoffe verunreinigt, so bleibt nichts anderes übrig, als mit verringertem
Wirkungsgrade weiterzuarbeiten.

Handelt es sich jedoch nur um 1 bis 2 Zellen, so kann
man versuchen, den Gehalt an diesen Stoffen durch Einfüllen
neuer Säure nach mehrmaligem Auffüllen und Abziehen von
destilliertem Wasser zu verringern. Dies muß natürlich bei
abgeschalteter Batterie im entladenen Zustande geschehen
und rasch vor sich gehen, damit sich die Negativen nicht etwa
durch den Sauerstoff der Luft stark entladen.

Bei Montage neuer Platten ist zu beachten, daß niemals
altes und neues positives oder altes und neues negatives
Material in ein und dieselbe Zelle eingebaut wird.
(Siehe Fall 24.) Bezüglich alter positiver Platten ist zu
bemerken, daß in ein und dieselbe Zelle nur solche
gleicher Beanspruchung, gleichen Alters und gleicher Herkunft, — bezüglich alter negativer, daß nur solche gleicher
Herkunft eingebaut werden dürfen. Auch sollte möglichst der
Einbau negativer Mittelplatten als Endplatten vermieden
werden.

Stark in die Länge gewachsene positive Platten sind den
Zellen zu entnehmen und durch Abschneiden auf das Maß

der negativen zu kürzen. Sind sie gekrümmt, so richtet man sie vorsichtig durch Pressen zwischen glatten Holzplatten. Zu stark seitlich gewachsene Positive können durch Beschneiden nicht schmäler gemacht werden, da sie zerfallen würden.

3. Änderung der Batterieschaltung.

Treten zwischen einzelnen Holzbalken des Batteriegestells zu große Spannungsdifferenzen auf (Fall 38), so muß die Verbindung der Gruppen nachträglich so abgeändert werden, daß selbst bei Vorhandensein nasser Stellen an den Balken keine nennenswerte Selbstentladung der Batterie durch das Gestell stattfinden kann. (Abb. 34 u. 35.) In vorliegendem Fall herrscht nach Umänderung der Schaltung an der gefährdeten Stelle nur noch eine Spannungsdifferenz von $16 \cdot 2,04$ = 32,8 Volt, statt 153 Volt! Diese Spannung von 32,8 Volt ist ganz ungefährlich; dies geht auch aus Untersuchungen der Siemens und Halske-A.-G. hervor (Elektrochem. Zeitschr. 1898/99, Heft 12), die feststellte, daß Holz, welches schon längere Zeit zu dem Gestell einer Akkumulatorenbatterie gehört hatte und infolgedessen durch und durch mit Säure getränkt war, erst bei einer Spannung von 110 Volt unter Funkensprühen verkohlte.

Werden die an die Stammbatterie angrenzenden, sehr stark beanspruchten Zellenschalterelemente zum Anlassen von Gasmotoren verwendet, so ist die Schaltung dahin zu ändern, daß die ersten Zusatzzellen die erforderliche Energie liefern.

Bei Batterien sehr kleiner Kapazität ist vor das Voltmeter ein Druckknopf zu schalten, der selbsttätig den Strom nach dem Spannungsmesser unterbricht.

IV. Kapitel.

Verhütung einer Erkrankung des Akkumulators

1. durch Wahl eines geeigneten Akkumulatorenraumes.

Akkumulatoren bringt man am besten in einem trockenen Raume unter, der in möglichster Nähe des Maschinenraumes liegt und doch frei von allen Erschütterungen bleibt, dem Bedienungspersonal leicht zugänglich ist und während des ganzen Jahres eine möglichst gleichmäßige Temperatur besitzt. Wenn irgend möglich, ist ein Raum mit großen Fenstern vorzusehen, damit alle Teile der Batterie ohne Zuhilfenahme künstlicher Beleuchtung nachgesehen werden können und der am Schlusse jeder Ladung auftretende Säuredunst ohne weiteres durch die geöffneten Fenster abziehen kann.

Unterirdisch oder unmittelbar unter dem Dache gelegene Räume sollte man wegen des dort sich bildenden Kondenswassers vermeiden, das, an Trägern, Fensterrahmen usw. eisenhaltig geworden, in einzelne Elemente gelangen kann. Andernfalls sind Zwischendecken anzuordnen.

In Holzbearbeitungsfabriken, Brauereien, Brennereien, Bleichereien, chemischen Fabriken usw. ist ein Raum vorzusehen, dessen Fenster nach der Straße, nicht nach dem Hofe zu liegen und dessen Türen so angeordnet sind, daß das Eindringen alkohol- oder ammoniakhaltiger Dämpfe sicher vermieden wird.

Auch Pferdeställen ist besondere Aufmerksamkeit zu widmen, da diesen ammoniakhaltige Gase entströmen.

Man sollte ferner nur solche Räume wählen, die weder Heizrohre, noch an der Decke hinlaufende Rohrleitungen, noch vorstehende eiserne Träger usw. enthalten.

Sind jedoch an der Decke entlangführende Rohre, Träger usw. nicht zu umgehen, so sind sie mit säurebeständigem alkoholfreien Emaillelack zu streichen, nachdem sie in der üblichen Weise grundiert worden sind. Wenn irgend angängig, sind sie so anzubringen, daß sie über die Batteriegänge zu liegen kommen.

Beim Bau eines Batteriehauses ist auf das verhältnismäßig **hohe Gewicht** der stationären Akkumulatoren Rücksicht zu nehmen, besonders, wenn die Batterie, wie es bei Elektrizitätswerken in großen Städten oft zu geschehen pflegt, in mehreren Stockwerken übereinander untergebracht werden soll. Für die Deckenkonstruktion eignet sich in einer derartigen großen Anlage am besten flaches Ziegelkappengewölbe zwischen Doppelträgern wegen seiner vorzüglichen Tragfähigkeit. Neuerdings wird häufig auch der sehr tragfähige und dabei billigere Eisenbeton verwendet.

Bei vorhandenen Räumen besitzen hin und wieder die Zwischendecken wohl Träger oder Balken von ausreichender Stärke, die Decke selbst ist jedoch nicht tragfähig genug. Man kann sich dann in der Weise helfen, daß man die Unterlagen der Holzgestelle genau über den Trägern oder Balken anordnet, so daß das ganze Batteriegewicht auf die letzteren übertragen wird und die Decke entlastet bleibt.

2. durch geeigneten Fußbodenbelag und Deckenputz.

Das hohe Batteriegewicht erfordert eine gesicherte Grundlage für die Batterie. Ein Senken und Setzen gefährdet die betriebssichere Aufstellung der einzelnen Zellen und ihre Verbindung untereinander. Selbst wenn sich das Nachgeben des Fußbodens gleichmäßig über die ganze Fläche erstreckt, können sich Übelstände ergeben, weil die Zuleitungen, wenn sie starr verlegt sind, ein gleichmäßiges Sinken der Zellen verhindern. Die Bleileisten erscheinen an diesen Stellen hochgezogen, und die mit den Leisten verlöteten Plattensätze geraten aus ihrer richtigen Lage. Es empfiehlt sich deshalb, die

Isolatoren der Anschlußleitungen auf den Stützen oder Ge-
stängen so anzubringen, daß die Leitungen nachgeben oder
nachgelassen werden können (Abb. 53).

Bei der Anlage von Akkumulatorenräumen ist deshalb
auf die Herstellung eines **harten Fußbodens** besonders Bedacht
zu nehmen; er muß auch säurebeständig sein, damit nicht
etwa verschüttete oder aus geplatzten Glaszellen, undichten
Holzkasten ausgelaufene Säure in darunterliegende Räume
gelangen kann.

Obige Bedingungen werden mit verhältnismäßig geringen
Kosten erfüllt, wenn man an den Stellen, wo später die Isolatoren der Holzgestelle hinkommen sollen, säurebeständige
Steinplatten, z. B. Eisenklinker, Mettlacher Platten oder starke
Glasplatten vorsieht. Da sie die gesamte Batterielast auf-
zunehmen haben, so muß natürlich auch der Untergrund
sehr fest sein[1]). In Kellern muß er aus einer Rollschicht von
hartgebrannten Ziegeln bestehen, die auf gewachsenem Erd-
boden liegen muß. Ist aber der Boden sandig, so ist er fest-
zustampfen und die Rollschicht auf eine 10 cm starke Beton-
schicht zu lagern. In den Stockwerken stehende Batterien
müssen bei dieser Art der Verlegung natürlich gemauerten
Untergrund erhalten.

Die von den Steinplatten freigelassene Fläche versieht
man zweckmäßig mit einer Asphaltschicht von 25 bis 35 mm
Stärke. Nur muß man darauf bedacht sein, daß der Asphalt
rein und säurebeständig ist. Diesen vermischt man mit
reinem Quarzsande im üblichen Verhältnis, da an die Härte
der vollständig entlasteten Asphaltdecke besondere Ansprüche
nicht gestellt zu werden brauchen.

Den Asphalt muß man vor seiner Verwendung auf Säure-
beständigkeit untersuchen. Man legt ihn etwa acht Tage lang
in Schwefelsäure von 1,23 spezifischem Gewicht. Nimmt
man dann den Asphalt aus der Säure heraus und zerbricht
ihn, so muß die Bruchfläche genau dieselbe Beschaffenheit
haben wie vor dem Einlegen in Schwefelsäure. Bei unbrauch-
barem Asphalt lassen sich die Bruchflächen nicht glatt trennen,

---

[1]) Die Tragfähigkeit des Baugrundes an den Unterstützungsstellen
muß bei kleinen und mittelgroßen Batterien mindestens 3 kg/cm² betragen.

sondern bleiben teerartig aneinander hängen. Am besten ist reiner Trinidadasphalt, falls die Raumtemperatur 45° C. nicht übersteigt.

Die Stein- oder Glasplatten, mit Zementmörtel als Unterlage verlegt, müssen ein Stück aus dem Asphalt hervorragen (Abb. 88); zwischen Platte und Asphalt dürfen keine Fugen gelassen werden, damit die Säure nicht nach dem Mauerwerke und den Trägern gelangen kann.

Bei Holz- und Zementböden ist ein nachträgliches Einsinken der Batterie zwar ausgeschlossen, aber die Säure greift beide Materialien im Laufe der Zeit stark an. Zement und Holz können gegen die Einwirkung der Säure durch einen Linoleumbelag nachhaltig geschützt werden, falls der Raum trocken und luftig ist. Dieser Belag hat außerdem den Vorteil, daß er sich leicht reinigen läßt.

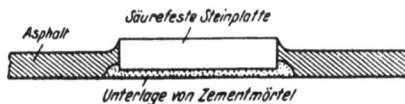

Asphalt Säurefeste Steinplatte

Unterlage von Zementmörtel

Abb. 88.

Billiger, wenn auch weniger haltbar, ist ein Steinkohlenteeranstrich, auf den reiner Quarzsand gestreut wird. Nach dem Trocknen ist der Anstrich zu wiederholen.

Trockener Holzfußboden kann zur größeren Sicherheit gegen Durchdringen der Säure nach darunterliegenden Räumen auch Asphaltbelag mit vorstehenden säurefesten Steinplatten erhalten, genau in der Ausführung wie für gemauerten Fußboden.

Ist jedoch der Holzfußboden feucht, so darf kein Asphaltbelag aufgebracht werden, da sonst das Holz fault. In diesem Falle ist das Holz mit einem Teeranstrich zu versehen, nachdem zuvor alle Fugen durch dünne Holzleisten oder Kitt gedichtet worden sind. Der Fußboden erhält dann einen Dachpappebelag. Da dieser Belag aber durchgetreten werden kann, so ist darüber noch ein Bretterbelag anzubringen, der gleichfalls mit heißem Steinkohlenteer zu streichen ist.

Es gibt noch eine Anzahl Verfahren, säurefeste und genügend harte Fußböden herzustellen; Verfasser kann jedoch die beschriebenen Ausführungen empfehlen, da sie verhältnismäßig billig sind, ihrem Zwecke durchaus entsprechen und gut aussehen.

Zementputz der Decke ist zu vermeiden, da er nicht säurefest ist, sich meist lockert und in die Elemente fällt. Man versieht die gut ausgetrocknete Decke zweckmäßig mit einem Kalkanstrich, nachdem die Fugen vollständig ausgestrichen sind, der dann mit säurefestem alkoholfreien Emaillelack überstrichen wird.

Die Wände sind in gleicher Weise zu behandeln.

3. durch geeignete Entlüftungsvorrichtungen im Akkumulatorenraume.

Eine ausreichende Lüftung des Akkumulatorenraumes ist unerläßlich. Neben dauernder Lufterneuerung ist besonders am Ende der Ladung, wenn in den Elementen kräftige Gasentwicklung stattfindet, für genügenden Abzug der Säurenebel zu sorgen.

Die Anwendung des natürlichen Zugs durch Öffnen der Fenster und Türen ist meistens ausreichend, und es empfiehlt sich daher, Akkumulatorenräume reichlich mit Fenstern auszustatten. Ist eine genügende Lüftung durch solche Mittel allein nicht zu erzielen, so kann man unter Umständen durch Luftschächte oder auch durch mehrere Tonröhren von 20 bis 25 cm Durchmesser, welche über Dach bis zur Windhöhe zu führen sind, die für die Lufterneuerung erforderliche Saugwirkung erreichen, wenn an der entgegengesetzten Seite des Raumes durch eine passende Öffnung frische Luft von außen eintreten kann.

Lüftungslaternen mit jalousieartigen Öffnungen (sog. Dachreiter) sind nachteilig, da durch sie Staub, Schmutz usw. in den Raum dringen und eine schädliche Verunreinigung der Elemente verursachen können. Auch erschwert die durch sie eintretende kalte Luft das Aufsteigen der Säuredünste.

Bei größeren Anlagen, besonders bei Batteriehäusern mit mehreren Stockwerken, genügen solche einfache Abzugsrohre nicht immer; in manchen Fällen ist man genötigt, die Luft des Batterieraumes durch besondere Ventilatoren abzusaugen.

Frische Luft in einen Akkumulatorenraum hineinzudrücken, ist nicht empfehlenswert, weil dann die schlechte Luft, auch wenn man für ihren Abzug eine besondere Öffnung angelegt hat, doch auch durch alle undichten Stellen des Batterieraumes entweicht und so an Stellen gelangen kann, von denen man sie fernhalten möchte. Auch wird durch dieses Verfahren nur eine unvollkommene Lufterneuerung erreicht.

Die Ventilatoren sind so zu bemessen, daß in der Stunde mindestens ein fünfmaliger Luftwechsel erreicht wird.

Die Öffnung des Abzugsrohres bringt man zweckmäßig an der Decke, die Lufteintrittsstellen an der gegenüberliegenden Stelle, und zwar am Boden an. Das obere Ende des Abzugsrohres ist mit einer Kappe mit seitlichen Windöffnungen zu versehen, damit nicht Regen, Schnee oder dgl. in das Rohr gelangen kann.

Es empfiehlt sich, die abgesaugte Luft durch Säureabscheider der Akkumulatoren-Fabrik A.G., Berlin, von der mitgerissenen Säure zu befreien, einerseits um den Ventilator vor Zerstörung, andererseits die Nachbarschaft vor Belästigung durch Säuredünste zu schützen. Dies kommt besonders bei großen städtischen Batterieanlagen in Betracht, die von Geschäfts- oder Privathäusern eng umschlossen sind.

In allen Fällen, in denen die bei der Ladung auftretenden Säurenebel besonders sorgfältig von der Umgebung ferngehalten werden müssen, kann durch Abdeckung der Elemente mittels Glasscheiben eine Verringerung dieser Nebel erzielt werden. Diese Abdeckung hat außerdem den Vorteil, daß sie den Verbrauch an Nachfüllflüssigkeit, insbesondere Säure, sehr vermindert. Ein Nachteil ist jedoch, daß die Zellen weniger leicht besichtigt werden können und die Wartung daher erschwert wird. Von der Abdeckung ist deshalb nur dann Gebrauch zu machen, wenn trotzdem Gewähr für eine ausreichende Wartung besteht.

Bei der Lüftung von Akkumulatorenräumen in **Brennereien, chemischen Fabriken u. dgl.,** wo sich in den Nachbarräumen schädliche Gase befinden, muß man besonders vorsichtig sein, um zu verhindern, daß von der Ventilationsein-

richtung durch Türen, Wandöffnungen usw. diese Gase in
den Batterieraum hineingesogen werden. In solchen Fällen
empfiehlt sich direkter Eingang aus dem Freien. Doppeltüren
beseitigen die Gefahr nicht. Läßt sich ein Eingang in den
Batterieraum aus dem Freien nicht schaffen, so muß in derartigen Anlagen ein dauernd mit der freien Luft in Verbindung
stehender Vorraum vorgesehen werden.

Kann der Akkumulatorenraum aus irgendeinem Grunde
nicht mit Fenstern versehen oder muß ein solcher unter Erde
gewählt werden, so sehe man mehrere gemauerte Entlüftungs-
kanäle von möglichst großem Querschnitt vor, die man bis zur
Windhöhe über Dach führt.

4. durch Schutzmaßregeln gegen Wärme, Tropf-wasser, Flugsand.

Gehen durch einen Batterieraum Dampfleitungen, die
stark Wärme ausstrahlen, so müssen sie mit Wärmeschutz-
mitteln (Kieselgur usw.) umkleidet, dann mit Leinwand
umwickelt und mit Asphaltanstrich versehen werden. Ferner
empfiehlt es sich, unter Rohrleitungen usw. Bleirinnen anzubringen, die das eisenhaltige Tropfwasser aufnehmen und ab-
führen. Alle Rohrflanschen sind im Batterieraume, wenn
irgend möglich, zu vermeiden, da bei Undichtwerden derselben
schädliche Flüssigkeiten, Dämpfe usw. austreten und in die
Säure gelangen können; außerdem ist bei Reparaturen an
denselben leicht eine schwere Beschädigung einzelner Elemente durch ungeschickte oder · unvorsichtige Handhabung
der Werkzeuge möglich.

Müssen infolge Raummangels Elemente unter Oberlichtern
aufgestellt werden, so ordnet man unter letzteren am besten
eine etwas geneigte, genügend große Glastafel an, die das
Tropfwasser nach einem kleinen Sammelgefäß aus Bleiblech
abführt. Über der Glastafel bringt man noch ein verbleites
Drahtsieb an, damit sie nicht zerschlagen werden kann.

Liegen die Fenster des Batterieraums nach einem freien
Platze hin, so empfiehlt es sich, vor dieselben solche aus
feinmaschigem verbleiten Eisendraht zu setzen, die Flugsand
oder Staub auffangen.

5. durch Wahl einer genügend großen Batterie sowie geeigneter Hilfsmaschinen.

Es ist außerordentlich wichtig für die Lebensdauer einer Batterie, daß sie nicht etwa nur gerade so groß vorgesehen wird, wie sie sich bei der Projektierung an Hand einer meist recht unsicheren Berechnung ergibt: man sollte sie vielmehr stets so groß wählen, daß sie von Ladung zu Ladung nur mit 40 bis 60% der garantierten Leistung beansprucht wird, zumal auch bei Versagen der Maschinen reichliche Kapazität des Akkumulators sehr erwünscht ist.

Um auch für den Fall gesichert zu sein, daß das Werk sehr an Ausdehnung gewinnt, läßt man zweckmäßig die Platten in so breite Gefäße einbauen, daß genügend Raum verbleibt, um eventuell späterhin die Leistung des Akkumulators durch weiteren Einbau von Platten um 30, 50% oder noch mehr zu erhöhen. Oder man legt den Akkumulatorenraum gleich von vornherein so groß an, daß die Batterie vorläufig nur die Hälfte der Bodenfläche einnimmt. Die einzelnen Zellen baut man dann natürlich voll aus.

Falls nun die Bleileisten rechtwinklig zum Holzgestell stehen — Mittellötung —, so sind die Zellen ausschließlich in Doppelreihen aufzustellen, und zwar so, daß am Ende einer solchen sich nur gleichnamige Pole befinden. Soll später die Leistung der Batterie verdoppelt werden, so schaltet man einfach die Zellen der Doppelreihen durch neue, ungefähr doppelt so lange Bleileisten parallel und setzt in den frei gebliebenen Teil des Akkumulatorenraumes eine neue Batterie von derselben Leistung wie die alte. Den alten und neuen Teil schaltet man hintereinander.

Ist die Batterie so klein, daß ihre Leisten parallel zum Holzgestell angeordnet werden — Seitenlötung —, so ist die ausschließliche Anordnung der Zellen in Doppelreihen nicht erforderlich. Dann wird bei Verdoppelung der Leistung jedes zweite Element nach Durchschneiden der Leisten um 180° gedreht, so daß dann jedesmal zwei Zellen mit den gleichen Polen nebeneinanderstehen und durch Verlötung parallel geschaltet werden können. Der frei gebliebene Teil des Raumes nimmt dann gleichfalls den neuen Batterieteil auf.

Sehr vorteilhaft, aber auch sehr teuer in der Anschaffung ist die Aufstellung von zwei parallel geschalteten, gleich großen Batterien, die man abwechselnd zur Entladung heranzieht. Während die eine Batterie geladen wird, entlädt man die andere.

Soll in einem Dreileitersystem die Batterie Spannungsteiler sein, so ist es ratsam, die beiden Zellenschalter an den Nulleiter anzuschließen, da dann der Isolationszustand der

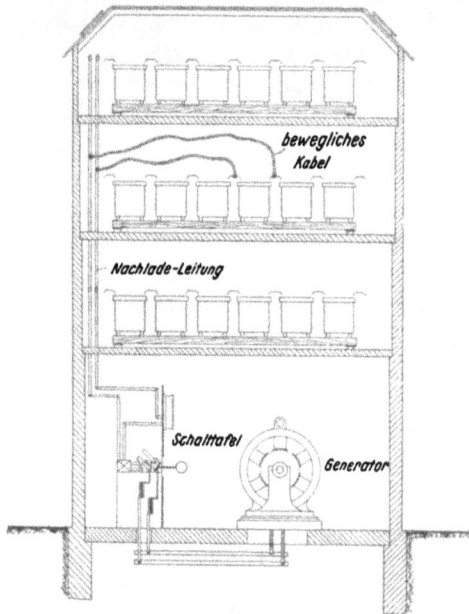

Abb. 89.

zugehörigen Leitungen und damit auch derjenige der Batterie meist bedeutend besser ist, als wenn sie in den Außenleitern liegen.

Um bei großen Batterien einzelne in der Ladung zurückgebliebene Zellen bequem nachladen zu können, empfiehlt es sich, ein besonderes kleines Maschinenaggregat für diesen Zweck aufzustellen. Das „Kaufhaus des Westens" in Berlin z. B. hat ein solches, das durch einen Drehstrommotor von 5 PS angetrieben wird und gleichstromseitig

500 Amp. bei 5,5 Volt Spannung zum Nachladen liefern kann. Befinden sich die einzelnen Batterien in mehreren übereinanderliegenden Stockwerken, so lohnt sich die Verlegung von zwei Nachladeleitungen (Abb. 89), da sie nur verschwindend wenig im Verhältnis zur ganzen Anlage kosten, das Nachladen dann stets rechtzeitig stattfindet und die unbequeme, zeitraubende provisorische Installierung flexibler Kabel nebst Zubehör ein für allemal wegfällt. Das Elektrizitätswerk „Südwest" hat in der Unterstation „Motzstraße" (Berlin-Wilmersdorf) diese Einrichtung getroffen, die sich vorzüglich bewährt.

Zusatzmaschinen sind unter allen Umständen so zu bemessen, daß sie die vorgeschriebene höchstzulässige Ladestromstärke vertragen; andernfalls würde bei forciertem Betriebe die Aufladung der Batterie bis zur lebhaften Gasentwicklung an beiden Plattensorten infolge der übermäßig langen Ladezeit in Frage gestellt werden.

6. durch sachgemäße Leitungsverlegung.

Es empfiehlt sich, in niedrigen Räumen die eisernen Gestänge für die Verlegung der Zellenschalterleitungen und Gruppenverbindungen nicht über den Elementen, sondern über den Gängen anzubringen. Man erhält dadurch über den Zellen freien Platz zum Arbeiten; auch vermeidet man mit größerer Sicherheit, daß bei der Reinigung und Einfettung der Leitungen, beim Nachstreichen der Gestänge usw. Schmutz und Metalloxyde in die Elemente fallen.

Leitungen in Akkumulatorenräumen sollten bei höheren Spannungen nur auf glockenförmigen Isolatoren verlegt werden; Hochspannungsrollen sind zu vermeiden.

Die im IV. Kap., 2. Abschnitt, erwähnten Übelstände, die sich beim Nachgeben des Fußbodens einstellen können, lassen sich dadurch vermeiden, daß die Leitungen nicht starr verlegt werden, entweder von selbst etwas nachgeben oder nachgelassen werden können. Das wird bei schwächeren Drahtleitungen oft durch passende Anordnung der Isolatoren erreicht oder man biegt die Leitung oben am Isolator zu einer federnden Schleife. Ein Nachlassen der Leitungen wird schon dadurch ermöglicht, daß man die zur Befestigung der betreffenden Isolierrollen dienenden Gestänge nicht mit runden

Durchbohrungen, sondern mit vertikalen Schlitzen versieht, welche es gestatten, die Rollen später etwas zu senken. Für stärkere Leitungen werden am besten Isolatoren mit verstellbaren Stützen oder Leitungsführungen verwendet, wofür sich verschiedene Ausführungsformen bewährt haben. Bei Flachkupferleitungen führt man zweckmäßig die betreffenden Verschraubungsstellen mit Langloch aus. Sind von früher her nicht verstellbare Isolatoren bereits vorhanden, so kann man sich auch in der Weise helfen, daß man in den zur Aufnahme der Leitungen bestimmten Einschnitt des Isolators unter das Kupfer ein Stückchen Holz von etwa 1 cm Stärke oder besser einige Bleistreifen legt und diese Unterlagen im Bedarfsfalle später wieder entfernt.

Die Durchführung der Leitungen durch die Wände geschieht am besten in eingemauerten Hartgummi-, Glas- oder Porzellanröhren, die beiderseitig über die Wandflächen hinausragen. Die Rohröffnungen werden durch passend zugeschnittene Korke abgedichtet. In vollkommen trockenen Räumen kann die Durchführungsstelle durch zwei Holzbretter verschlossen werden, in welche passende Löcher für die Leitungen eingeschnitten sind. Rundkupferleitungen können hierbei durch die gebräuchlichen Porzellantüllen gegen das Holz isoliert, Flachkupferschienen müssen durch Streifen aus Glas, Porzellan, Hartgummi gesichert werden. Gegen die Einwirkung der Säuredämpfe empfiehlt sich ein Anstrich des Holzes mit Emaillelack. Marmor eignet sich als Isoliermittel in Batterieräumen nicht, weil nicht säurebeständig. Gewöhnlicher Glaserkitt zum Dichten von Öffnungen ist nicht säurefest und muß wenigstens durch Anstrich geschützt werden; besser ist eine säurebeständige Vergußmasse zu diesem Zwecke geeignet. Durchführungen durch Decken und Fußböden können in ähnlicher Weise abgedichtet werden.

7. durch Vorsichtsmaßregeln vor, während und nach Aufstellung der Batterie.

1. Wenn irgend möglich, lasse man die Batterie erst dann aufstellen, nachdem sämtliche Kupferleitungen im Akkumulatorenraum installiert sind.

2. Den Fußboden des Batterieraums säubere man vor Beginn der Montage sorgfältig von allen Ziegel- und Kalkstücken sowie von allem Schmutze, da dies nicht Sache des Monteurs ist.

3. Die angelieferten Batteriematerialien bewahre man so auf, daß sie vor Nässe und Staub geschützt sind.

4. Holzgestelle, Holzkasten und alle im Akkumulatorenraume befindlichen Kupferleitungen reibe man noch vor Einfüllen der Säure mit Vaselin oder konsistentem Fett ab, um sie vor dem schädlichen Einflusse der Säuredämpfe wirksam zu schützen.

5. Ehe das Füllen der Zellen mit Säure beginnt, streue man auf die Bedienungsgänge Sägespäne, damit etwa verschüttete Flüssigkeit ·aufgesaugt wird.

6. Sollte beim Füllen der Elemente Säure an die Holzkasten oder Holzgestelle gelangen, so sorge man dafür, daß diese Stellen mit reinem Wasser abgewaschen und hierauf gründlich trocken gerieben werden.

7. Nach Beendigung der Montage überzeuge man sich, ob unter den Holzgestellen aller Schmutz entfernt worden ist.

8. Schon vor Beginn der ersten Ladung des Akkumulators eiche man, wenn möglich, sämtliche zur Batterie gehörenden Meßinstrumente, damit Abweichungen vom Sollwert aufgedeckt und späterhin berücksichtigt werden.

9. Werden nach Anschaffung der Batterie noch Arbeiten an den Zellenschalterleitungen oder an der Decke ausgeführt, so decke man alle die Zellen, in welche Kupferstückchen, Deckenputz, Werkzeuge usw. fallen könnten, sorgfältig mit Pappe zu.

10. Falls kein Ladezähler vorhanden ist, stelle man bei der ersten, meist 36 Stunden dauernden Ladung genügend Bedienungspersonal, damit das Ladeamperemeter auch wirklich dauernd beobachtet und der Strom nachreguliert wird; denn sonst besteht keine Sicherheit, daß auch wirklich der Akkumulator die von der Fabrik vorgeschriebenen Amperestunden empfängt.

11. Gleich nach der ersten Ladung nehme man eine Kapazitätsprobe vor, um sich zu überzeugen, ob auch wirklich die garantierte Leistung vorhanden ist. Man messe hierbei

vor allen Dingen am Schlusse der Entladung die Einzelspannungen sämtlicher Zellen, um alle die Elemente herauszufinden, die nicht in Ordnung sind.

Zellen mit auffallend tiefer Spannung und Säuredichte untersuche man sofort auf Kurzschluß und lade sie eventuell nach.

Hat die gesamte Batterie nicht die Kapazität, so entlade man sie im Betriebe ein- oder zweimal bis zur zulässigen Spannungsgrenze und lade sie jedesmal mit Ruhepausen wieder auf.

12. Während der ersten 14 Tage nach Inbetriebsetzung entnehme man auch der völlig gesunden Batterie immer möglichst die' volle Kapazität und lade sie jedesmal bis zur lebhaften Gasentwicklung an beiden Plattensorten auf.

13. Man kaufe nur wirklich geeignete Nachfüllvorrichtungen, Destillierapparate usw.

8. durch geeignete Nachfüllvorrichtungen.

Als wirklich geeignet ist nur dann eine Nachfüllvorrichtung zu bezeichnen, wenn sie weder ein Hineinfallen fremder Stoffe in die Säure, noch eine Verunreinigung derselben durch Schmutz an Händen und Armen des Wärters oder an der Außenseite des Nachfüllkrugs ermöglicht.

Obige Bedingungen werden bei kleinen und mittelgroßen Batterien in ziemlich vollkommener Weise durch den Ballonkipper von Misling in Bielefeld erfüllt (Abb. 90). Derselbe gestattet, mit Hilfe einer einzigen Person Säure oder destilliertes Wasser direkt aus dem Ballon in den Krug zu füllen. Er ist vollständig aus Eisen und darum sehr dauerhaft.

Sind die Batterieräume sehr ausgedehnt, so empfiehlt es sich, mehrere Ballonkipper an verschiedenen Stellen

Abb. 90.

zu installieren, damit der Wärter den schweren, gefüllten Krug nicht allzu weit zu tragen braucht.

Die heutzutage meist als Nachfüllvorrichtung gebrauchten Bottiche erfüllen nur dann ihren Zweck, wenn sie nach Gebrauch stets sorgfältig mit Holz- oder Glasplatten zugedeckt werden, der Glaskrug sich bei Nichtgebrauch stets auf einer

ganz reinen Unterlage befindet und der Wärter sauber ge-
waschene Hände und Arme hat.

Für sehr große Anlagen ist das Nachfüllen der Zellen
mittels Kruges so außerordentlich zeitraubend und beschwer-
lich, daß es undurchführbar ist. Hier empfiehlt sich eine Einrichtung, wie sie von Flach & Callenbach, G. m. b. H.,
Berlin, bereits in Anlagen
der Berliner Elektrizitätswerke, im Elektrizitätswerk
Süd-West A.-G. in Schöne-
berg sowie in der städtischen
Gasanstalt Buch angebracht
ist und sich bestens bewährt.

An der höchsten Stelle
des Akkumulatorengebäudes
sind zwei verdeckte Aufbe-
wahrungsbehälter von je 2 bis
3 cm^3 Inhalt aus kräftigem
gespundeten Holze angeordnet
(Abb. 91), die mit Bleiblech
ausgekleidet sind. Der eine
Behälter ist für Säure, der
andere für destilliertes Wasser
bestimmt.

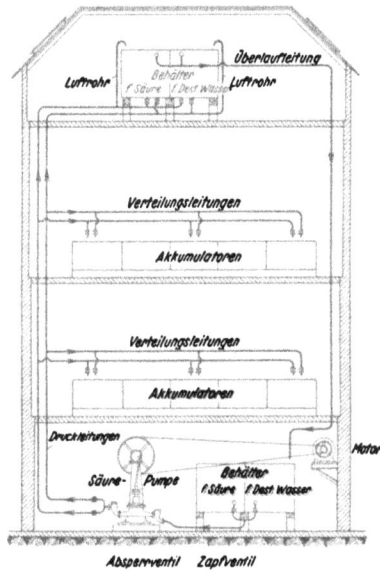

Die Füllung derselben er-
folgt durch eine mittels Elek-
tromotors angetriebene Mem-
branpumpe, die mit Blei ausgefüttert ist und Sicherheitsventile
sowie Kugelventile mit Hartgummiüberzug besitzt. Bei hohem
Drucke werden an ihr noch Windkessel angebracht. Die zu
fördernde Flüssigkeit kommt mit dem Plunger nicht in Berührung, da eine das Innere der Pumpe in zwei Kammern
trennende Gummimembran die Bewegung des Plungers auf
die zu fördernde Flüssigkeit überträgt. Die Ausfütterung der
Unterteile, Ventile usw. kann leicht erneuert werden.

Der Pumpe fließen Säure und destilliertes Wasser aus
im Keller befindlichen und etwas erhöhten, zugedeckten Auf-
bewahrungsbehältern zu. Sie befördert die Flüssigkeiten
durch eine Druckleitung aus gezogenem Bleirohr nach oben.

Abb. 91.

Da nun diese als Gabelrohr ausgebildet und an der Pumpe sowie an den oberen Behältern absperrbar ist, so besteht die Möglichkeit, Säure oder Wasser mit der Pumpe direkt nach den Akkumulatoren oder den oberen Behältern zu drücken, sowie bei Stillstand der Pumpe den einzelnen Stellen aus den oberen Behältern durch die eine Leitung Wasser, durch die andere Säure zuzuführen.

Ein Überlaufen der oberen Behälter ist ausgeschlossen, da ein Überlaufrohr vorgesehen ist, welches in den unteren Behälter einmündet, so daß man im Keller erkennen kann, ob das obere Bassin gefüllt ist. — Auch ein Zersprengen der Rohre ist unmöglich, falls es einmal vergessen werden sollte, die an den oberen Behältern angeordneten Ventile bei Inbetriebsetzung der Pumpe zu öffnen, da am höchsten Punkte jeder Leitung ein Sicherheitsluftrohr angeordnet ist. — Kurzschlüsse durch die Bleileitungen werden durch gute Isolierung gegen alle Eisenteile usw. unmöglich gemacht.

Die Verteilungsleitungen, Behälter und Druckleitungen besitzen als Absperrorgane Hartblei-Niederschraubventile mit Paragummimembran. Die Ventile der Verteilungsleitungen sind mit Schlauchrillen zum Aufbinden des Füllschlauches versehen.

Zum Füllen des im Keller befindlichen Behälters wird zweckmäßig auf dem Hofe ein genügend großer Holzkasten mit Bleiausschlag und einem Bleisieb am Ablaufstutzen aufgestellt. Das Sieb dient zum Abfangen von Strohhalmen usw. Von dem Kasten aus geht eine Leitung nach den im Keller befindlichen Behältern.

9. durch geeignete Destillierapparate.

Da der Verbrauch an destilliertem Wasser sehr hoch ist, so sehen sich viele Werke veranlaßt, dasselbe mittels gekaufter oder selbstgefertigter Destillierapparate durch das eigene Personal herstellen zu lassen, um Kosten zu sparen.

Ein solcher Apparat muß aber ein vollkommen reines Destillat liefern, wenn er brauchbar sein soll. Deshalb darf der Dampf nur aus ganz reinem Regen-, Brunnen- oder Leitungswasser erzeugt werden, das weder Öle und Fette noch Alkohol oder Essig enthält, die sich bei der Siedehitze des Wassers verflüchtigen und in den Wasserdampf gelangen.

Das Destillat darf ferner auf keinen Fall mit Kupferteilen in Berührung kommen. Sind sie verzinnt, so wird zwar reines Wasser geliefert, aber doch nur so lange, als der Zinnüberzug hält; sobald er abblättert, wird das Destillat kupferhaltig.

Deshalb soll ein Destillierapparat weder Schlangen aus reinem noch aus verzinntem Kupfer, sondern nur solche aus dem ganz unschädlichen Zinn oder aus Blei enthalten. Auch die Hähne, die das Destillat passiert, sollen aus Zinn, Hartblei oder Ton hergestellt sein.

Falls das destillierte Wasser unmittelbar aus Kesseldampf hergestellt werden soll, so muß zwischen Kessel und Destillierapparat ein Wasserabscheider eingebaut werden, welcher verhindert, daß chlorhaltiges Kesselspeisewasser in den Destillierapparat gelangt. Selbstverständlich muß auch ein Druckreduzierventil in die Frischdampfleitung eingebaut werden, damit die Speisung des Destillierapparats aus Kesseln von beliebigem Druck erfolgen kann.

Da sich während jeder größeren Betriebspause in dem Dampfzuleitungsrohr Kondenswasser abscheidet, das Verunreinigungen enthalten kann, so empfiehlt es sich, das in der ersten Viertelstunde gewonnene Wasser nicht zu verwenden.

Die Aufbewahrung des Destillats geschieht am besten in chemisch reinen, mit Gips oder Schwefel verschlossenen Glasballons.

Geeignete Destillierapparate gibt es

1. für direkten Anschluß an eine Frischdampfleitung (Abb. 92 und 93);
2. mit besonderem Dampferzeuger für Kohlefeuerung;
3. mit besonderem Dampferzeuger für Abgasheizung in Motoranlagen (Abb. 94).

Ein Apparat nach Abb. 93 ist erforderlich, wenn durch die Reinigung des Wassers mit Soda oder Kalk stark alkalischer Dampf im Kessel gebildet wird. — Eine Einrichtung nach Abb. 94 kommt nur für Gasmotorenanlagen in Frage. Ein Gasmotor erzeugt bei einer Leistung:

von 20 bis 30 PS pro Stunde 10 l Destillat,
,, 30 ,, 50 ,, ,, ,, 20 l ,,
,, 60 ,, 100 ,, ,, ,, 30 l ,,

und zwar vollständig kostenlos.

Ein Destillierapparat macht sich daher auf alle Fälle in kürzester Zeit bezahlt. Verbraucht doch z. B. eine Bat-

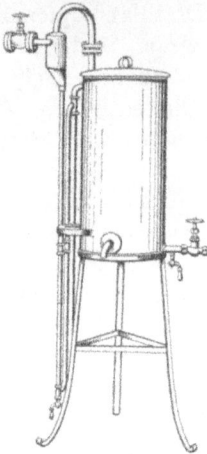

Abb. 92.

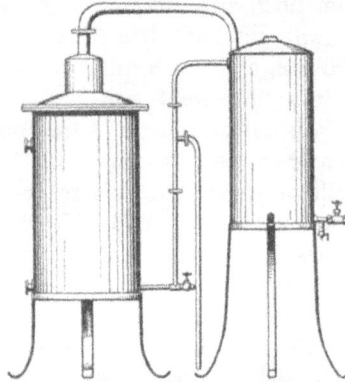

Abb. 93.

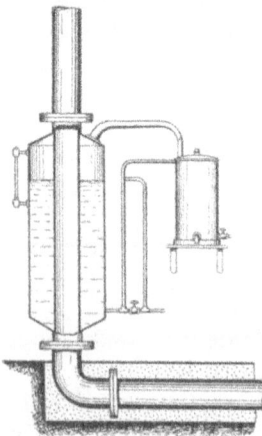

Abb. 94.

terie, bestehend aus 120 Zellen von 1600 Ah dreistündiger Kapazität jährlich in einem während aller Jahreszeiten weder zu warmen noch zu kalten, aber trockenen Raume ca. 100 Ballons destilliertes Wasser à 60 l. — Pro Quadratmeter Elementoberfläche dürfte pro Jahr an destilliertem Wasser erforderlich sein:

a) in Räumen, die das ganze Jahr hindurch feucht sind, ca. 60 l;

b) in Räumen, die das ganze Jahr hindurch weder zu warm noch zu kalt, aber trocken sind, ca. 200 l (normaler Verbrauch);

c) in Räumen, die das ganze Jahr hindurch sehr trocken und warm sind, ca. 300 bis 400 l.

10. durch Glasabdeckung der Elemente.

Die Säure einer Batterie wird um so weniger verunreinigt werden können, je seltener ein Nachfüllen der einzelnen Zellen stattzufinden braucht, und je sorgfältiger die
Elemente vor dem Hineinfallen von Fremdkörpern geschützt
werden.

Beiden Forderungen genügt bei Holzbrettchen- oder
Hartgummiplatteneinbau eine Glasbedeckung der Elemente;
denn sie verhindert einerseits das Hineinfallen von Deckenputz
usw. in die Flüssigkeit, anderseits sinkt der **Verbrauch an
destilliertem Wasser** auf zirka den **vierten Teil gegenüber unbedeckten Zellen,** weil die in die Luft gerissenen Flüssigkeits-
teilchen nur bis zur Unterseite der Glasplatten gelangen und
von dort wieder in das Element zurücktropfen.

Eine sachgemäß ausgeführte
Glasabdeckung muß je nach
Größe der Holzkastenoberfläche
aus mehreren kleinen, leicht
abzuhebenden Scheiben a bestehen (Abb. 95) und nicht etwa
aus einer einzigen, unhandlich
großen Platte. Die auf den Bleileisten aufliegenden Deckschei-
ben dürfen aber nur die Plattensätze überdecken, nicht etwa
auch den am Bedienungsgang b
gelegenen Bleibügelraum, der unbedingt für das Einführen des
Säuremessers m freibleiben muß.
An der dem Bedienungsgang
gegenüberliegenden Seite muß
außerdem eine etwas schräg ge-
stellte Glasscheibe s angebracht

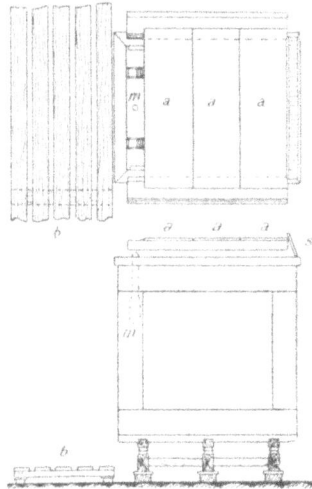

Abb. 95.

sein, die jeden Zug unter der Glasabdeckung verhindert, da
sonst der Säuredunst seitlich herausgetrieben wird.

Bei Glaselementen dürfen die Abdeckscheiben keinesfalls auf den Bleileisten liegen, weil letztere stets schmäler
sind als der Gefäßabstand und daher die den Scheiben an-

haftende Flüssigkeit nicht in die Elemente zurücktropft, sondern von den Kanten der Bleileisten auf das Holzgestell. Hier muß eine Scheibe auf die Holzstäbe usw. gelegt werden.

11. durch Verwendung von Säuremessern.

Abb. 96 zeigt das Messen der Säuredichte bei einer transportablen Batterie.

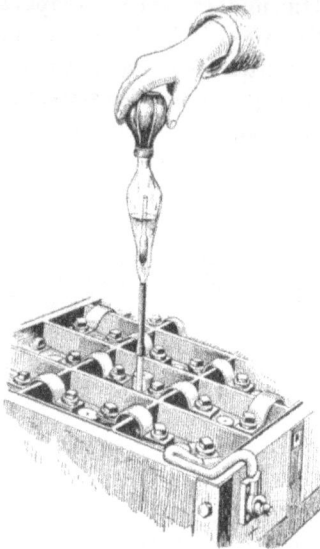

Abb. 96.

Der Säuremesser gibt Aufschluß über Vorgänge, die sich im Innern einzelner Batteriezellen abspielen.

Er zeigt an, in welchem Maße die Umwandlung der aktiven Masse in positiven und negativen Platten vor sich geht; denn bei Ladung steigt er, solange noch konzentrierte Schwefelsäure infolge Umwandlung des Sulfats in Bleisuperoxyd resp. Bleischwamm frei wird; bei Entladung dagegen sinkt er, solange der Flüssigkeit konzentrierte Schwefelsäure zur Bildung des Sulfats an beiden Plattensorten entzogen wird.

Steigt nun in einer Zelle ein Säuremesser bei Ladung um soviel Striche, als er bei Entladung gefallen war, so ist die betr. Zelle vorschriftsmäßig aufgeladen. Sind die Platten aller übrigen Zellen einer Batterie in gleichem Zustande wie in fraglicher Zelle, so ist die Ladung sämtlicher Elemente als beendet anzusehen. Manchmal aber befindet sich zwischen den gesunden Zellen eine kranke, die nur entdeckt werden kann, wenn sämtliche Zellen der Batterie in möglichst kurzer Zeit durchgemessen werden. Sind aber in der Anlage nur 1 oder 2 Säuremesser vorhanden, so ist die Prüfung sämtlicher Zellen zeitraubend und wird deshalb vom Personal nicht ausgeführt. Darum ist es wünschenswert, daß etwa für je 5 Zellen ein Säuremesser beschafft wird, für eine Anlage von z. B. 120 Zellen etwa 24. Man rückt dann täglich die betr. Instrumente um eine Zelle weiter und ist so imstande, binnen 5 Tagen die ganze Batterie zu kontrollieren.

Man legt zweckmäßig folgende Tabelle (30 Zellen angenommen) an, in die auch einzutragen ist, wann Säure oder Wasser nachgefüllt wurde.

Säuredichte.

Datum								Bemerkungen
1. April 1927	Zelle Nr.	1	6	11	16	21	26	Zelle 1 Wasser
	Beginn der Ladung ...	1,185	1,175	1,18	1,18	1,17	1,17	
	Schluß der Ladung ...	1,21	1,20	1,205	1,20	1,195	1,195	
2. April 1927	Zelle Nr.	2	7	12	17	22	27	
	Beginn der Ladung ...	1,18	1,18	1,18	1,18	1,18	1,18	
	Schluß der Ladung ...	1,20	1,20	1,20	1,20	1,20	1,20	
4. April 1927	Zelle Nr.	3	8	13	18	23	28	
	Beginn der Ladung ...							
	Schluß der Ladung ...							

usw.

Diese Tabelle gestattet dann auch, die Änderung der Säuredichte in jeder Zelle im Laufe eines Monats oder eines noch größeren Zeitraumes sofort zu erkennen. Das tägliche Weitersetzen und Beobachten der Säuremesser ist unbedingt nötig:

a) bei stark beanspruchten Batterien wegen Kurzschlußmöglichkeit infolge Plattenkrümmung,

b) bei Glasbedeckung der Zellen wegen der Unmöglichkeit der Plattenbesichtigung.

12. durch Einbau von Zählern.

Ein Zähler gibt darüber Aufschluß, wieviel Energie eine Batterie empfangen resp. abgegeben hat.

Er ist zwar bei weitem kein so wertvolles Meßinstrument als der Säuremesser, der allein über die Vorgänge im Innern Aufschluß gibt und Trugschlüsse des Personals bei kranker Batterie verhindert. Trotzdem wird man zweckmäßig einen Lade- und einen Entladezähler einbauen, da dann bei gesunder Batterie nach Wirkungsgrad geladen, also einer Energievergeudung vorgebeugt und vor allen Dingen auch die der Batterie entnommene Energie genau kontrolliert werden kann.

Allerdings muß von derartigen Zählern gefordert werden, daß Temperaturschwankungen keinen Einfluß auf die Um-

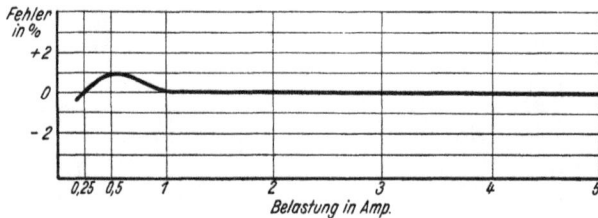

Abb. 97.

drehungskonstante ausüben und sie sich bei Belastungen von 10 bis 100% höchstens um 1% ändert. (Abb. 97, A.E.G.-Zähler.)

Ferner soll der Zähler schon bei 1% Belastung sicher anlaufen.

Es empfiehlt sich nicht, Wattstundenzähler zu installieren, da deren Eichkonstante sich evtl. ändert, sobald die Betriebsspannung von der Eichspannung abweicht. Dies ist der Fall gegen Schluß der Ladung einer Batterie. Abweichungen von der Normalspannung sind bei Wattstundenzählern, wenn sie an Lichtbatterien liegen, übrigens meist vorhanden, da die Spannungsspule nicht unmittelbar an der Akkumulatorenspannung liegt, sondern infolge der unvermeidlichen Spannungsverluste in Zellenschalterleitungen und -kontakten bei Entladung an eine zu niedrige Spannung angeschlossen ist.

Bei Batterien mit geringer Kapazität und langer Entladedauer dürfte außerdem der Energieverbrauch der Spannungsspule des Zählers eine nicht unerhebliche Entladung der Batterie hervorrufen.

Alles dies sind Gründe, welche für den Amperestundenzähler sprechen.

Jeder Wattstundenzähler läßt sich übrigens noch nachträglich als Amperestundenzähler schalten. Man braucht nur seine Spannungsleitungen an die konstante Sammelschienenspannung zu legen. Hat man am Zähler 24 kWh abgelesen, so entsprechen diese dann $\frac{24\,000}{120} = 200$ Ah, falls die Sammelschienenspannung 120 Volt beträgt.

Man kann nun in jede Lade- und Entladeleitung je einen Zähler einbauen oder auch nur einen Zähler mit zwei Zählwerken verwenden, wodurch Kosten gespart werden. Man lädt dann bei Vorhandensein eines Amperestundenzählers 11 % mehr in die Batterie, als man herausgenommen hat.

Beispiel: Der Entladezähler zeige 6 % zu viel, der Ladezähler 3 % zu wenig an. Beide seien Amperestundenzähler.

Stand des Entladezählers

     zu Beginn der Entladung: 2475,
     am Ende ,,   ,,   2972,
              Entladung: 497 Ah.

Wirkliche Entladung: $497 - 0{,}06 \cdot 497 = 467$ Ah.

Stand des Ladezählers

     zu Beginn der Ladung: 3300.

Es sind aufzuladen $467 + 0{,}11 \cdot 467 = 518{,}4$ Ah. Da der Zähler aber 3 % zu wenig zeigt, so muß er um $518{,}4 + 0{,}03 \cdot 518{,}4 = 534$ Einheiten vorwärts laufen, ehe die Ladung unterbrochen werden darf; er muß dann anzeigen: $3300 + 534 = 3834$.

Will man aber, und zwar zunächst bei Lichtbatterien, dem Schalttafelwärter jede Rechnung ersparen, so empfiehlt es sich, einen Aronschen Pendelzähler oder einen O'Keenanzähler der Danubia A.-G. einzubauen, die beide den Ladezustand des Akkumulators an einem auch aus der Ferne sichtbaren Zifferblatte mit Zeiger sofort erkennen lassen.

Beide sind mit einer Vorrichtung versehen, die den Zähler
bei Ladung unempfindlicher als bei Entladung macht, entsprechend dem elektrochemischen Mengenverhältnis der Batterie. Beim Laden dreht sich der weithin sichtbare Zeiger in
der umgekehrten Richtung eines Uhrzeigers und gibt die dem
Akkumulator zugeführte Elektrizitätsmenge unmittelbar nach
seinem elektrochemischen Mengenverhältnis in Amperestunden
an. Beim Entladen geht der große Zeiger seinen Weg zurück und
läßt in jedem Augenblicke den Ladezustand der Batterie erkennen.

Aber nicht nur für Lichtbatterien sind geeignete Zähler
unerläßlich, sondern auch für Pufferbatterien, weil sie
stets in gleichem Ladezustande bleiben müssen. Die
Säuredichte ist kein zuverlässiger Anhalt hierfür, da das spezifische Gewicht der Flüssigkeit sich nur ziemlich träge ändert;
auch ist das fortgesetzte Beobachten der Säuremesser für den
Schalttafelwärter unbequem und zeitraubend. Die Messung
der Säuredichte wird infolgedessen in der Regel nur in längeren
Zwischenräumen vorgenommen; unterdessen kann aber die
Batterie infolge zu starker Ladung den vorschriftsmäßigen
Ladezustand bereits überschritten haben und heftig Gas
entwickeln. Dann sinkt der Pufferwirkungsgrad, und es treten
unerwünscht hohe Spannungsschwankungen im Netze auf.

In nahezu vollkommener Weise wird der gleiche Ladezustand einer Pufferbatterie nur durch Einbau eines Amperestundenzählers erreicht, der je nach Richtung des Stromes
vor- und rückwärts registriert. Eine Vorrichtung zur
Änderung seiner Empfindlichkeit bei Ladung und Entladung
ist nicht erforderlich, da das elektrochemische Mengenverhältnis nahezu 100% beträgt (siehe Einleitung, Abschn. 6,
Schluß). Es wird dann bei gleichem Ladezustande der
Batterie weder ein Vor- noch Rückwärtsschreiten des Zähl-
werks stattfinden.

Ganz besonders hierzu geeignet ist der Aronpendelzähler,
da bei ihm infolge der unausgesetzten Pendelbewegung die
Trägheit der beweglichen Teile durch Zufuhr elektrischer
Energie nicht erst überwunden zu werden braucht und darum
schnell verlaufende Lade- und Entladestöße zuverlässig registriert werden. Man kann aber auch jeden beliebigen Motor-
Amperestundenzähler verwenden.

13. durch sorgfältige Wartung der Batterie.

1. Vor Beginn einer Arbeit, die man am Akkumulator ausführen will, wasche man Hände und Arme.

2. Jedesmal gegen Schluß der Ladung gehe man durch sämtliche Batteriereihen und überzeuge sich, ob alle Zellen gleichmäßig und positive sowie negative Platten gasen.

3. Zur Beobachtung der Gasentwicklung gegen Schluß der Ladung ziehe man bei Batterien mit Brettcheneinbau drei benachbarte Scheidewände in irgendeiner Zelle in die Höhe.

4. Die Säuredichte stelle man bei allen Elementen wenigstens alle vier Wochen einmal auf die gleiche und vorschriftsmäßige Höhe ein.

5. Bleiben Zellen in Säuredichte und Gasentwicklung zurück, oder entwickeln Zellen überhaupt kein Gas, so sind sie sofort zu untersuchen.

6. Die Elemente fülle man rechtzeitig nach, damit nicht etwa die Plattensätze aus der Säure herausragen. Sie muß immer etwa 1 cm über Plattenoberkante stehen. — Beim Eingießen der Säure direkt aus dem Ballon umhülle man diesen mit einem Sacke, damit kein Stroh in die Elemente fallen kann.

7. Hat bei einer Batterie mit Brettcheneinbau sich eine Positive am Rücken so stark gekrümmt, daß sie die Scheidewand schon gegen die Negative drückt, so stecke man sofort einen 4 bis 5 cm breiten Holzstreifen, den man sich aus einem Brettchen schneidet, so dazwischen, daß seine Fasern die des vorhandenen Brettchens kreuzen.

8. Läuft die Säure eines Elements infolge Gefäßbruchs usw. aus, so sind die negativen Platten sofort aus der betreffenden Zelle zu entfernen und in Säure oder destilliertem Wasser aufzubewahren.

9. Hat sich eine Batterie so stark gesenkt, daß in irgendeinem Element eine unnachgiebige Leitung einen Plattensatz von der Stützscheibe abhebt (Abb. 53), so schraube man den Isolator, der diese Leitung trägt, so weit herunter, bis die Fahnen wieder auf der Stützscheibe aufliegen.

10. Alle sechs Monate messe man in einigen Stammzellen sowie in den Zellen zwischen Lade- und Entladehebel den Schlamm.

11. Zerbrochene Glasrohre, Holzstückchen und Stroh entferne man sorgfältig aus den Zellen.

12. Weiße Fahnen wasche man mit Schwefelsäure ab.

13. Etwa in die Elemente gefallene Bleibügel setze man ordnungsgemäß wieder ein.

14. Man achte sorgfältig darauf, daß die Abtropfkanten der Holzkasten abgebogen sind.

15. Man reinige öfters den Säuremesser von der klebrigen Schmutzkruste und den langen Schlauch der Ableuchtlampe vom Staub.

16. Oxyd an Kupferleitungen entferne man sofort durch Erwärmen mit Lötlampe, um den Säureüberzug zum Verdampfen zu bringen. Die noch warmen Leitungen wische man ab und reibe sie mit konsistentem Fett oder reinem Maschinenöl ab, nachdem man die in Frage kommenden Zellen mit Pappe zugedeckt hat.

17. Falls beim Nachfüllen Säure verschüttet wird oder solche aus zerbrochenen Glasgefäßen oder undichten Holzkasten ausgelaufen ist, so ist sie sofort vom Fußboden zu entfernen. Holzteile und Isolatoren, die von der Säure getroffen worden sind, wische man mit einem in warme Sodalösung getauchten Lappen ab und reibe sie dann gründlich trocken.

18. Alle Jahre reibe man Holzkasten und Holzgestelle sowie Kupferleitungen mit Vaseline und konsistentem Fett ab.

19. Alle Jahre nehme man Laufböden oder Laufbühnen aus dem Akkumulatorenraum heraus und scheure sie mit warmer Sodalösung ab, spüle mit reinem Wasser nach und trockne sie gründlich. Bei Wiederaufstellung der Laufbühnen ist streng darauf zu achten, daß sie die Holzkasten nicht berühren.

20. Etwaige Nachfüllvorrichtungen decke man mit Glas- oder Holzplatten zu und stelle den Säurekrug sowie die Holzlineale nicht auf den Fußboden, sondern auf eine an der Wand angebrachte, saubere Holzkonsole. Den sehr langen Gummischlauch der Ableuchtlampe schlinge man mehrmals um einen halbrunden Holzrahmen, den man an der Wand oder an einer Säule befestigt.

21. Linoleumbelag des Fußbodens reibe man nach je drei Monaten mit Öl ab, damit er nicht brüchig wird.

22. Reservebrettchen und -stäbchen bewahre man in einem verdeckten, mit angesäuertem Wasser gefüllten Bottich auf. Reserveglasrohre hebe man an einem staubfreien Orte auf.

23. Bei Reparaturen an Leitungen, Decken oder Wänden sind die Zellen mit Pappe oder Holz sorgfältig zuzudecken.

24. Sollte ein Monteur nach einer Reparatur konzentrierte Schwefelsäure übriggelassen haben, so gieße man sie sofort weg.

25. Werkzeuge lege man nicht auf die Bleileisten.

14. durch richtige Betriebsführung.

1. Man entnehme der gesunden Batterie im normalen Betriebe niemals mehr als die garantierte Kapazität.

2. Man entlade von Ladung zu Ladung die Batterie mit höchstens 60% ihrer garantierten Kapazität.

3. Man setze bei sehr schwach beanspruchten Batterien nicht länger als acht Tage mit Ladung aus.

4. Man entnehme Lichtbatterien wenigstens alle zwei bis drei Monate einmal die volle garantierte Kapazität und überlade sie dann am besten mit ganz schwachem Strom.

5. Sehr schwach beanspruchte Batterien, wie z. B. Pufferbatterien, entlade man alle 8 bis 14 Tage einmal tief und lade sie dann bis zur vollen Gasentwicklung (2,75 bis 2,8 Volt pro Zelle) wieder auf. An einigen Beispielen soll gezeigt werden, wie dies ohne Betriebsstörung geschehen kann:

In Kalibergwerken z. B., in denen Sonntags der Betrieb ruht, wird man am Sonnabend nachmittag einen Teil der Lastförderungen und am Sonntag sämtliche Mannschaftsförderungen zum Zwecke von Reparaturen im Schachte, nach Abkuppelung der Dampfmaschine, allein mit der Pufferbatterie ausführen. Sollte die Batterie am Montag früh noch nicht bis zur zulässigen Spannungsgrenze entladen sein, so nimmt man mit ihr allein noch einige Lastförderungen vor. Während der nun folgenden Ladung der Batterie kann im Falle der Gefahr die Belegschaft jederzeit aus dem Schachte herausgeholt werden, so daß das beschriebene Verfahren unbedenklich ist. Nach Beendigung der Ladung werden abermals einige Lastförderungen mit Hilfe der Batterie allein vorgenommen, und zwar so lange, bis sie nur noch 90% ihrer Kapazität besitzt. Dann puffert sie gut. Nach Ankuppelung der Dampfmaschine beginnt hierauf der normale Pufferbetrieb. Wird eine derartige tiefe Entladung allwöchentlich vorgenommen, so erhält man nicht nur die Batterie gesund, sondern erzielt auch eine Kohlenersparnis, da die Dampfmaschinen am Sonnabend nachmittag nicht oder nur wenige Stunden, am Sonntag überhaupt nicht in Betrieb zu sein brauchen. Allerdings geht ein Teil des Gewinns durch die Ladung am Montag wieder verloren.

Schwach beanspruchte Batterien in Fabriken, die für den Fall eines Maschinendefekts vollgeladen gehalten werden, können ohne jede Gefährdung des Betriebes ebenfalls tief entladen werden. Da die Arbeiter Sonnabends früher als sonst nach Hause gehen, so läßt man während der letzten

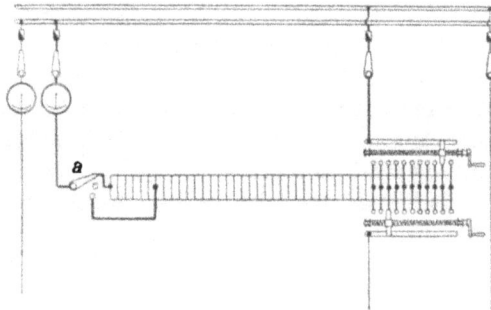

Abb. 98.

Betriebsstunden die Batterie die Stromlieferung für die Motoren ganz allein übernehmen. Nach Schluß der Arbeitszeit wird dann sofort mit Ladung des Akkumulators begonnen, so daß er am Montag früh wieder mit voller Kapazität zur Verfügung steht.

6. Schwach beanspruchte Zuschaltzellen entlade man alle vier Wochen einmal tief (siehe Kap. III, Abschn. A 4).

Ist keine Zusatzmaschine vorhanden oder nur ein Einfachzellenschalter, so mache man mit Hilfe eines Ausschalters *a* sechs bis zehn Stammzellen abschaltbar (Abb. 98), damit die ersten Zuschaltzellen kräftig zur Entladung herangezogen werden können. Man schalte dann an dem ersten Tage die Stammbatterie mit verringerter Zellenzahl aufs Netz, am zweiten Tage mit voller Zellenzahl, am dritten Tage wieder mit verringerter usf.

7. Man lade niemals durch den Entladehebel.

8. Bei Vorhandensein einer Zusatzmaschine sende man niemals bei Ladung Strom durch den Entladehebel ins Netz. Fehlt dagegen die Zusatzmaschine, so sende man nur im Notfalle höchstens 20% der Ladeenergie durch den Entladehebel ins Netz.

9. Man lade eine Batterie niemals zweimal an ein und demselben Tage.

10. Man unterbreche die Ladung, falls die Säuretemperatur 40°C erreicht hat.

11. Falls bei Ladung gleichzeitig durch den Entladehebel Strom entnommnn wird, schalte man niemals zwischen Entladehebel und Stammbatterie mehr Zellen ein wie zwischen Ladehebel und Stammbatterie.

12. Nur in „geladenem" Zustande überlasse man eine Batterie wochenlanger Ruhe.

13. Man sehe für jede Batterie Lade- und Entlade-Amperestundenzähler vor und lade nach elektrochemischem Mengenverhältnis.

14. Man eiche die Zähler und die zur Batterie gehörigen Volt- und Amperemeter alle Jahre einmal.

15. Vom Tage der Inbetriebsetzung an führe man gewissenhaft die Betriebsliste.

Aus alledem ist zu ersehen, daß man einer Batterie die gleiche Liebe und Sorgfalt angedeihen lassen muß wie den Maschinen.

Dann unterbleiben auch Verstöße gegen die leicht zu erfüllenden Bedienungsvorschriften, und der Akkumulator wird stets zur Freude seines Besitzers arbeiten.

Taschenbuch für Monteure elektrischer Starkstromanlagen

Bearbeitet und herausgegeben von S. Freiherr von Gaisberg. 88. Auflage. 359 Seiten mit 229 Abbildungen. Kl.-8°. 1927. In Leinen gebunden M. 4.80.

Die 88. Auflage des Taschenbuches ist der schlagende Beweis, daß das Taschenbuch längst zum unentbehrlichen Nachschlagewerk für jeden Elektrotechniker geworden ist. Besser noch als viele Urteile — von Fachzeitschriften liegen über hundert lobende Besprechungen vor — spricht diese hohe Auflagenzahl des „Gaisberg" für seine Beliebtheit und Brauchbarkeit. Die Ursache dieser riesigen Verbreitung ist der reiche Inhalt des Taschenbuches, der dem großen Bedürfnis nach möglichst vielseitiger Orientierung über alle Gebiete der Starkstromtechnik weitgehend Rechnung trägt. Dazu bringt das Taschenbuch eine große Anzahl von klaren Abbildungen und Skizzen, die das Verständnis des Dargestellten, besonders soweit es die praktische Seite betrifft, wesentlich erleichtern. Die vorliegende Neuauflage ist auf den neuesten Stand der Technik gebracht. U. a. sind die inzwischen herausgegebenen neuen Bestimmungen des V. D. E. mit Genehmigung des Verbandes teilweise wörtlich aufgenommen worden. Das neu geschaffene Schlagwortverzeichnis ermöglicht schnellstes Zurechtfinden in dem Buche.

Taschenbuch für Fernmeldetechniker

Von Obering. Hermann W. Goetsch. 3. erweiterte Auflage. 528 Seiten mit 844 Abbildgn. Kl.-8°. 1928. In Leinen geb. M. 13.—.

Elektrische Nachrichtentechnik: Dieses Taschenbuch umfaßt das gesamte Gebiet der Fernmeldetechnik und füllt in dieser Fassung zweifellos eine bestehende Lücke aus. Der Verfasser hat in ausgezeichneter und leicht faßlicher Weise alles das zusammengestellt, was der Fernmeldetechniker heute wissen muß. Darüber hinaus ist es gleichzeitig ein Nachschlagewerk für denjenigen, der nicht ständig in diesem Gebiete arbeitet, wobei die kurz gehaltene und doch übersichtliche Art der Wiedergabe von besonderem Vorteile ist. Für die technischen Beamten, die Betriebsingenieure größerer Werke und für die Installateure wird es ein unentbehrliches Hilfsmittel sein; auch als ausgezeichnetes Lehrbuch kann es angesprochen werden. Die eingestreuten Hinweise auf die besondere Fachliteratur sind außerordentlich zweckdienlich. Das sehr gut ausgestattete Buch kann daher allen Fachleuten in jeder Hinsicht empfohlen werden.

Zeitschrift des Österr. Ingenieur- und Architekten-Vereins: Ein Werk, welches eine längst fühlbare Lücke ausfüllt und ein großes Gebiet moderner Technik in gedrängter und trotzdem sehr reichhaltiger Form behandelt.

Deutsche Allgemeine Zeitung: Ein treffliches Nachschlagebuch für den Fernmeldetechniker und für den Elektrotechniker überhaupt.

Technische Rundschau und Anzeiger: Das Buch enthält eine mustergültige Darstellung und Übersicht der modernen Fernmeldetechnik; dazu gesellt sich eine gediegene buchtechnische Ausführung seitens des angesehenen Verlages.

Grundriß der Funkentelegraphie

in gemeinverständlicher Darstellung. Von Dr. Franz Fuchs. 18. Auflage. 179 Seiten, 270 Abbildgn. Gr.-8°. 1926. Brosch. M. 3.60.

Die Sendung: Die vorliegende Broschüre ist einer der besten Wegweiser in das Gebiet der drahtlosen Telegraphie für den gebildeten Laien. Das Charakteristische

R. Oldenbourg / München 32 und Berlin W 10

des Werkchens ist die ansprechende äußere Form der Darstellung. Neben dem Text ist ein gleichmäßig breiter Rand freigelassen, welcher die Figuren enthält, die in der Anschaulichkeit vorbildlich genannt zu werden verdienen, sowie Formeln, Definitionen und Beispiele.

Der Funker: ... wir empfehlen dieses Buch auf das wärmste. Es sollte eigentlich zur Handbibliothek jedes Funkers gehören.

Augsburger Neueste Nachrichten: ... ein Buch, das wohl einzig in seiner Art in der großen Fülle der Radioliteratur dasteht. Denn es vermittelt in gründlicher, anschaulicher Weise, gestützt auf vorzügliche, klare Schemazeichnungen, das notwendige theoretische Wissen, das heute jeder Radio-Amateur, mag er einen selbstkonstruierten oder fertig gekauften Apparat besitzen, haben muß.

Süddeutscher Rundfunk: Ohne große Anpreisungen, ohne pomphafte Reklame sind in verhältnismäßig kurzer Zeit 17 starke Auflagen erschienen. Warum? Weil es einfach das Buch ist, das jeder, der sich mit der Radiotechnik ernstlich befassen will, haben muß; der eine zum Studium, der andere als Hilfsbuch im Laboratorium. Auch die neueste Auflage, die dem ungeheueren Aufschwung der Funkentelegraphie durch eine Reihe von Ergänzungen und Verbesserungen Rechnung trägt, bringt wieder dieselbe äußerliche Anordnung, weil man es einfach nicht besser machen kann.

Wähleramt und Wählvorgang

Eine Einführung von Telegraphendirektor Jos. Woelk. 3. Aufl. 42 Seiten, 22 Abbildungen. 2 Tafeln. Gr.-8°. 1925. Brosch. M. 1.80.

Telegraphen-Praxis: Das Büchlein bringt in seinem ersten Teile die Grundlagen des bei den deutschen Reichspost eingeführten S. A.-Systems unter Beschreibung der für die Einrichtung erforderlichen Apparate, wie die Wähler mit den zugehörigen Relaissätzen usw. Der 2. Teil behandelt den Wählervorgang vom anrufenden Teilnehmer bis zu dem angerufenen unter Berücksichtigung aller Nebenumstände. Der 3. Teil endlich bespricht den Einfluß der Anschlußleitungen und der Sprechstellenschaltungen auf den Wählvorgang. In gleicher Klarheit und Kürze ist das vorliegende Thema noch nicht behandelt worden. Wir können daher das ansprechende und interessante Buch allen Telegraphen-Praktikern warm empfehlen.

Emge-Schwachstrom-Kalender

Handbuch für Schwachstrom-Installation. Herausgegeben von der A.-G. Mix & Genest. 3. verbesserte und vermehrte Auflage. 244 Seiten, 6 Tafeln, 55 Abbildungen, 1 Kalendarium. Kl.-8°. 1928. In Leinen geb. M. 5.—.

Inhalt: I. Theoretische Elektrotechnik. II. Stromquellen. III. Spezial-Schwachstrom-Technik. IV. Selbstanschluß-(SA)Anlagen. V. Schwachstromschaltungen. VI. Postnebenstellen-Anlagen. VII. Rundfunkwesen. VIII. Was der Installateur vom Patentwesen wissen muß. IX. Angestelltenversicherung. X. Erste Hilfe bei Unfällen durch Starkstrom oder Blitz. XI. Praktische Ratschläge. Werkstattrezepte. XII. Beseitigung von Störungen in Signal- und Telephonanlagen. XIII. Störungen in Selbstanschluß-(SA)Anlagen. XIV. Überwachung und Revision von Schwachstromanlagen. XV Vorschriften des „Verbandes deutscher Elektrotechniker". XVI. Normen für Schwachstrominstallation. Bildzeichnen für Schaltungszeichnungen nach DIN-VDE 700. XVII. Vorbereitung von Kostenanschlägen. XVIII. Tabellen XIX. Sachregister.

R. Oldenbourg / München 32 und Berlin W 10

Kurzes Lehrbuch der Elektrotechnik

für Werkmeister, Installations- und Beleuchtungstechniker. Von Prof.
Dr. R. W o t r u b a. 204 S., 219 Abb. Gr.-8°. Geh. M. 5.20, geb. M. 6.40.

Elektrotechnische Zeitschrift: Das Buch bringt zunächst einen einleiten-
den Teil, in dem gewisse notwendige mechanische Grundbegriffe: Geschwindigkeit, Beschleunigung, Kraft, Masse, Arbeit, Leistung mit ihren Einheiten behandelt werden. Dann werden die entsprechenden elektrischen Größen und die
Grundgesetze des Gleichstroms entwickelt. Es folgen Abschnitte über die chemischen Wirkungen des elektrischen Stromes, die elektromagnetischen Gesetze und
die Entwicklung der Begriffe der Wechselstromtechnik. Endlich geht das Buch
zu den praktischen Anwendungen über: Maschinen und Transformatoren und
ihre Behandlung, Leitungen, von diesen besonders die Freileitungen, und Schalt-
einrichtungen, vor allem die für Hausinstallationen. Es ist bekanntlich viel leichter,
ein wissenschaftliches Werk über diesen Gegenstand zu schreiben, als ihn, zu-
geschnitten auf das Verständnis von reinen Praktikern und doch ohne Verstöße
gegen klare Begriffsbildung, zu behandeln. Man muß es dem Verfasser lassen,
daß er diese Aufgabe vorbildlich gelöst hat. Das Werk ist ein Muster von
Klarheit und Begriffstrenge, und es ist geradezu ein Vergnügen, zu sehen,
wie der Verfasser seinem Publikum die Sache mundgerecht zu machen versteht,
ohne dabei in platte Oberflächlichkeit zu verfallen.

Der ein- und mehrphasige Wechselstrom

Einführung in das Studium der Transformatoren und Wechselstrom-
Maschinen. Von Prof. Dr. R. W o t r u b a. 92 Seiten mit 97 Abbildungen.
Gr.-8°. Broschiert M. 3.60.

Technische Rundschau und Anzeiger: Dem Verfasser ist es mit hervor-
ragendem Lehrgeschick erfolgreich gelungen, das Wichtigste aus der Wechselstromtheorie auf beschränktem Raum zu bringen. Die klare Ausdrucksweise (ein beson-
derer Vorzug der Bücher des Verfassers), die zahlreichen Rechenbeispiele und gut
gewählte Zeichnungen, sowie der saubere Druck lassen das anspruchslose Büchlein
als Unterrichtsmittel für die Schüler mittlerer und höherer technischer Schulen
recht geeignet erscheinen.

Die Transformatoren

Theorie, Aufbau und Berechnung. Ein Handbuch für Studie-
rende und Praktiker. Von Prof. Dr. R. W o t r u b a und Ing. A. S t i f t e r.
207 Seiten, 102 Abbildungen, 1 Tabelle. Gr.-8°. 1928. Brosch. M. 10.—;
in Leinen geb. M. 11.50.

Elektrotechnischer Anzeiger: Das vorliegende Werk über Transformatoren
hat es sich zur Aufgabe gemacht, in deren Theorie, Aufbau und Berechnung einzuführen. Der meßtechnische Teil wurde so weit dabei berührt, wie es zum Verständnis der Wirkungsweise des Transformators nötig ist. Die Theorie wurde so
weit ausgedehnt, daß sie auch als Grundlage für die Wechselfeld- und Drehfeld-
motoren dienen kann. Die theoretischen Betrachtungen setzen gewisse Kenntnisse
der Wechselstromtheorie voraus. Die Berechnungen sind so angeordnet, daß zuerst
in mehreren Beispielen die Berechnung der Hauptgrößen gezeigt wird, wie dies zu
die ersten Entwürfe nötig ist. Die letzten Beispiele geben dann die genauen Durch-
rechnungen. Schließlich wird noch das Notwendige über Spartransformatoren und
Drosselspulen gesagt. Die knappe, klare Darstellung macht das Werk ebenso für
den Unterricht wie für die Praxis brauchbar.

R. Oldenbourg / München 32 und Berlin W 10

www.ingramcontent.com/pod-product-compliance
Lightning Source LLC
Chambersburg PA
CBHW031441180326
41458CB00002B/618